中國古代諜報事件分析

制敵機先

鄒濬智　蕭銘慶——編著

凡例

一、本書主要依據中央警察大學於二〇一四年所出版之蕭銘慶主編、鄒濬智助編《中國古代情報活動案例研析》改編而成。做為一本推廣「國家安全」觀念及傳播基礎「情報學」知識的普及讀物，本書儘量採取淺近的文字進行說明。

二、本書之中國古代諜報事件選擇及情報學理分析由蕭銘慶負責，相關案例原文白話析解及全書編寫工作綜整則由鄒濬智負責。所參考及徵引之文獻出處列於書末。

三、本書以中國古代情報活動之歷史案例為引，接述相關的情報觀念。所引用之情報活動史料來自以下各書：

◎《管子》：《管子》所收為管仲的言論，因而書名命為《管子》。此書可能是稷下學派管仲學說的追隨者所寫定。漢朝劉向曾對它進行過整理。《管子》全書十六萬言，大分為八類：《經言》九篇、《外言》八篇、《內言》七篇、《短語》十七篇、《區言》五篇、《雜篇》十篇、《管子解》四篇、《管子輕重》十六篇。該書內容龐雜，接近法家思想。

◎《孫子兵法》：《孫子兵法》又名《孫子》，是春秋末年齊人孫武的兵法著作。全書十三篇約六千餘字。不像其他的兵書著重實戰，《孫子兵法》使用「言理而不言事」的敘述方式，將戰爭中的重要課題進行層層分析；雖然用字簡單，卻讓讀者回味無窮。《孫子兵法》以「知彼知己、百戰不殆」和「先勝而後求戰」的求全求勝思想為主軸，對中西各國的戰爭理論都具有深刻的影響。

◎《呂氏春秋》：《呂氏春秋》又名《呂覽》，為戰國秦相呂不韋率領其門人編纂而成。因此內容包羅萬象，雖以道家黃老思想為主，但兼收儒、名、法、墨、農和陰陽等家的言論，為雜家的代表作；《呂氏春秋》也是先秦最後一本諸子書。該書內容分為：「十二紀」、「八覽」、「六論」三大部分，計二十餘萬言。

◎《史記》：《史記》最早稱作《太史公書》，係〔西漢〕司馬遷所編，它是中國第一部紀傳體通史，全書分為：《本紀》十二卷、《世家》三十卷、《列傳》七十卷、《表》十卷、《書》八卷，記載史實上自黃帝時代，下到漢武帝元狩元年，全書近五十三萬字。由於其體裁新穎，歷史觀先進，得到後來很多史學家的模仿，而與後來的《漢書》、《後漢書》、《三國志》合稱「前四史」。

◎《吳越春秋》：《吳越春秋》係〔東漢〕趙曄所撰，屬於稗官雜記類的別史，內容著重在記敘春秋時期吳、越兩國間的戰事。共十卷：卷一、《吳太伯傳》；卷二、《吳王壽夢傳》；卷三、《王僚使公子光傳》；卷四、《闔閭內傳》；卷五、《夫差內傳》；卷六、《越王無余外傳》；卷七、《勾踐入臣外傳》；卷八、《勾踐歸國外傳》；卷九、《勾踐陰謀外傳》；卷十、《勾踐伐吳外傳》。

◎《三國志》：《三國志》為「前四史」之一，係〔西晉〕陳壽所著，所記歷史上從漢靈帝中平元年，下到晉武帝太康元年間九十多年的歷史。全書共分為四大部分，合計六十六卷：《魏志》三十卷、《蜀志》十五卷、《吳志》

二十卷、〈敘錄〉一卷，〈敘錄〉後來缺亡。三志原是各自為書，直到北宋才合為一書，改名《三國志》。由於對亂世的歷史記事詳贍，剪裁得宜，得到的評價極高。

◎《周書》：《周書》為〔唐〕令狐德棻主持編撰，全書雜成眾手，記載北周宇文氏建立的周朝始末。書成於貞觀十年，計五十卷，含：《本紀》八卷、《列傳》四十二卷，與《北齊書》、《梁書》、《陳書》、《隋書》同時進呈朝廷。全書用字簡潔爽勁，亦兼顧了同時期的東魏、北齊、梁與陳等四朝大事。《周書》無志及表，後人或續補作之。

◎《隋書》：《隋書》為〔唐〕魏徵主持，多人合撰。原來隋文帝時，王劭已經撰畢《隋書》八十卷。唐高祖時令狐德棻提出應修五朝史，隨後朝廷命史臣編修，然並未成書。唐太宗時再命房玄齡監修，並責成顏師古、孔穎達、許敬宗等人協助。終於貞觀十年成書。全書分：《帝紀》五卷、《列傳》五十卷、《志》三十卷，記載隋文帝開皇元年至隋恭帝義寧二年共三十八年歷史。

◎《南唐書》：今傳《南唐書》有二種，一為〔北宋〕馬令所撰，一為〔北宋〕陸游所編，本書所引用係後者。陸氏本內容計十八卷：《內本紀》三卷、《人物列傳》十四卷，另有《浮屠列傳》、《契丹列傳》、《高麗列傳》總一卷。陸書簡要有法度，價值遠高過馬氏《南唐書》賅有法，極受後人推崇。但馬氏為南人，熟知南唐典故，是以馬書也不能盡廢。

◎《資治通鑑》：《資治通鑑》為〔北宋〕司馬光主編的編年體史書，全書計二百九十四卷，含：《周紀》五卷、《秦紀》三卷、《漢紀》六十卷、《魏紀》十卷、《晉紀》四十卷、《宋紀》十六卷、《齊紀》十卷、《梁紀》二十二卷、《陳紀》十卷、《隋紀》八卷、《唐紀》八十一卷、《後梁紀》六卷、《後唐紀》八卷、《後晉紀》六卷、《後漢紀》四卷、《後周紀》五卷，合約三百萬字，所記上自周威烈王二十三年三家分晉始，下到五代後周世宗顯德六年征淮南止，計十六朝，該書是極重要的一部編年體通史，在中國史學史中佔有極重要的地位。

◎《新唐書》：《新唐書》為〔北宋〕歐陽脩等人合撰，內容記載全唐朝歷史，屬紀傳體。全書計二百二十五卷：含《本紀》十卷、《志》五十卷、

《表》十五卷及《列傳》一百零五卷。由於書成眾手，亦有文字風格不統一的問題。另有《舊唐書》，為〔五代・後晉〕劉昫等人主持編撰，記事較《新唐書》仔細，惜欠缺剪裁，較為零落；《新唐書》所長亦主要在體裁。

◎《宋史》：《宋史》為〔元〕丞相脫脫和阿魯圖先後主持修撰，內容分為：《本紀》四十七卷、《志》一百六十二卷、《表》三十二卷、《列傳》二百五十五卷，共四百九十六卷，比《舊唐書》列傳多出一倍。該書與《遼史》、《金史》同時修撰，加上書成眾手，篇幅亦為二十四史之首，單是傳記就有兩千多人列傳，所以體例、文字等方面的錯誤不少。

四、本書共計二十篇，各篇分別有【中國古代諜報事件】以及【事件中的情報觀念探討】兩個部分。【中國古代諜報事件】將原本見於古典文獻的文言文翻譯為今日生活用語，方便讀者理解故事梗概；【事件中的情報觀念探討】說明該案例的情報學原理，如有相關案例，亦援引作為補充。

五、中國古代情報活動頻繁，加以情報學術博大精深。筆者學力未逮，本書必有疏漏不足之處，萬望碩彥鴻儒不吝指教是幸。

目次

壹、情報的要素

——《夏商野史・第九回》

【《夏商野史・第九回》中的諜報事件】

話說夏王相登基四年丙戌，后羿篡位，夏王相只好逃亡，依靠商侯過日子。夏王相所住的地方民風淳樸，沒辦法滿足夏王相的縱欲，住了二年，登基後六年戊子，夏王相又移望青州，依靠同是姒姓的分封諸侯斟灌氏和斟鄩氏生活。夏王相不能收束自己的行為，去結交東方諸侯以圖再起。那些與二斟氏來往密切的諸侯們，雖然和二斟氏有著共存亡的交情，也很難替夏王相奪回王位。之前后羿並不是個疑心的人，不會想到把夏王相趕盡殺絕，當下還能相安無事。現在浞又篡了后羿的王位，他因為愛猜疑而殺了很多人，像逢蒙、羅伯都死在他手下，夏王相的殘存勢力幾乎都被消滅了。浞知道夏王相安於偏安現狀，於是想要取而代之。

壬寅年，即夏王相即位二十年，也就是寒浞篡后羿王位後十三年。寒浞臨幸后羿妻子所生的奡已經十二歲了。奡十分神勇，其實他是后羿的遺腹子。由於懷胎十五個月才生出來，所以寒浞以為他是自己的兒子。奡十歲就能舉起二千鈞的東西，身高一丈五尺。十二歲就能在陸地上用大木條將船撐著往前進。蕩之戰，沒人是他的對手，他殺人就像遊戲那般隨便。過國似有二心，奡將過國所有貴族全殺了，寒浞再把過國封給他。奡又生了兒子叫澆，全名叫過澆。寒浞再生的兒子豷，才是他的親生兒子，雖然豷沒有勇力，卻有心機。在豷九歲那年，寒浞在宮中還猶豫著到底要不要繼夏王相為王，豷剛好從旁邊經過，便說：「直接把夏王相殺掉不就得了？」

寒浞於是下令由過澆領軍突襲二斟國，先質問斟灌氏為何收留夏王相。斟灌不服氣，就被過澆殺了，過澆接著再討伐斟鄩氏。斟鄩氏集合部隊在濰水旁抗敵，過澆拿著三丈長、六百斤重的鐵棒，沒二下就打沉了斟鄩氏坐的船，殺了斟鄩國君，大敗斟鄩軍隊，這二個國家就被完全消滅了；之後又在一間土磚砌的房子裡找到夏王相，也把他殺了。夏王相的王后叫緡，原來是有仍國的公主，才剛懷孕。她從土牆下的狗洞爬出土房，躲在屋後溝裡，再回頭把洞給塞住，敵軍找不到她，王后緡趁亂就逃回娘家有仍氏去。……

王后緡走回到娘家有仍氏後，不到一年就產子，緡哭著對兒子說：「你可千萬不要像你父親夏王相，希望你能像你祖父太康。」於是給兒子取名叫少康。少康才幾歲就不斷地追問母親：「我父親還活著嗎？」王后緡只是哭，不敢回答，就怕他們在娘家的消息走漏。有仍氏也是瞞著別人少康他們母子在國內的事，還把他們安置在鮮少外人經過的鄉下，告誡他們不要跟別人提起他們的身分，就怕行跡洩漏會引來殺身之禍。

少康當時分封到一個小城邑，日夜都想著要為父親報仇、重振夏朝。於是他走遍冀州、豫州兩地之間，希望可以訪得賢才佐助。……於是在漳水、淇水之間問到隱居的高士，高士夫妻兩人用農夫身分做掩護。丈夫叫戴寧，太太叫女艾，原來是夏王仲康的舊部下。女艾雖然醜但意志堅強，有能舉起百鈞的勇力，口才也很好，還能推測出別人心裡想著什麼。戴寧因為夏朝亡國，所以與妻子讀書自勵，隱去自己的行跡，低調地住在河陰一帶，但心裡仍然十分悲憤，從沒一刻忘記要對夏王盡忠。……

當時戴寧和女艾已在過國潛伏二年。剛到過國時是在市場上做生意，雖然後來錢漸漸花光，但也結交了過澆寵妾的父母音華公與音華媼，以及過澆左右的近侍。因為這層原故所以他倆兒被過澆起用。戴寧出任掌管國家錢糧的官職，女艾則入宮擔任奶媽女工的主管。二夫妻一在外一在內，做事盡心盡力，所以得到過澆的寵信。只要有大事都會與他們夫妻商量。戴寧注意到過澆四周的封國，都支持過澆的暴虐統治，於是他想要將這些為虎做倀的勢力先翦除。他趁機會勸說過澆：「您以為這些諸侯是真的支持您嗎？不過是因為今天他們害怕您的威勢才依附您，他們的心機和實力，難保哪一天不會殘害到您的後代。應該把他們全殺了，把他們的子民全都佔為己有，如此您的封國更加強大，而未來的禍患也就不會發生了！但是如果突然一下子就要殺了他們全部，恐怕會引起百姓們的反感，最好放慢速度來做。」

過澆本來就喜歡殺戮，聽了戴寧的建言，殺人的欲望又被點燃了起來，於是連殺了好幾個諸侯。因此，其他諸侯國都害怕了起來，想要背叛過澆。此外，過澆也常動不動就要殺身邊的人，女艾常出手搭救，因此女艾和過澆身邊的親信建立了很好的交情。女艾特別得到過澆寵妾和妾婢的人心，這是因為女艾往往先得知過澆的心意，先一步通報寵妾左右，讓他們預作準備的關係。所以很多人都來巴結、聯絡女艾和戴寧，這樣的情況持續了三年。……

女艾先派人偷偷前往有鬲國知會夏王宗親們即將起義的事，並訂好計畫，要在宮中殺掉過澆。……沒多久有從東邊來的數千位流民。戴寧看了一下，是姒靡從青州秘密調來的軍隊所假扮的。戴寧於是把過國城門給關了，派出一部分軍隊去搜捕平日幫助過澆為惡的人，還有和過澆親近、不想順服夏朝的人，全都把他們給殺了。再將老弱婦孺安排在安全的地方，嚴格地管制城門的出入，還開始宵禁，等過澆自國外回來。女艾則在宮中勸說音華氏：「過澆在回來的路上聽了小人的讒言，提到宮中寵妾們有人不守節，回來之後打算把所有後宮全殺了。所以戴寧先一步要我通報你們，你們快點做打算吧！不過過澆他本來喜歡或討厭什麼，總說不準，一句話不合聽，講話的人就會被砍成肉泥。你們何不毒殺他，另立他的兒子為過國國君，那麼你們還能享有原來的平安富貴呀！」

後宮侍妾們當時確實利用過澆出國的期間，和親戚及好友走得很近。這些出入後宮的外人就怕過澆回國，知道他們未經許可入宮會把他們殺了，得知女艾講的話後，更為害怕。於是推舉女艾來幫忙指揮他們，幫他們想辦法。被過澆冷落的侍妾敢氏聽到可以立自己的兒子當國君，也覺得高興。其他被冷落的侍妾婢女及宮中每個人聽了這主意也覺得不錯。於是女艾準備了很多利刃，運入宮中交給這些想要殺過澆的侍妾們。如果有人不同意這做法，就馬上殺了她滅口。接著再跟這些侍妾們一起準備好吃的食物、下了毒藥、身懷利刃等過澆回國。

話說過澆直接衝入寒浞的臥室晉見他的父親。才剛入寢宮，寒浞看過澆這麼高傲魯莽的樣子，很是生氣，於是叫出左右衛士；兩帳戴甲一百人、寢宮外四百人、宮門內外一千人，聽得一聲號令，每個人高舉斧頭、大刀、長矛、短劍，全都圍過來要殺過澆。特別是帳內安排的百人，全都是勇士和力士，這都是寒浞用來殺諸侯奪取別人國家的親衛兵，每個拿了兵器就來刺殺過澆。過澆身上一下子就被戈、矛刺傷十幾處。由於太過激憤，過澆顧不得痛，大叫一聲，一舉手，左手就搶下二矛一戟，右手就搶下二戟一斧，反過頭來砍傷了這些親衛兵；只要被過澆砍到的，沒有一個不馬上倒地的。過澆於是爬上牀，將寒浞高舉過頭，氣著說：「你能殺你的國君，難道我就不能殺你嗎？」再用力的把寒浞摔在地上，只看到寒浞化為一堆骨頭血水，卻看不到肉！

殺了父親後，過澆到後宮找母親，后羿的妻子以為總算能母子重逢，哭著迎接兒子。沒想到過澆大罵說：「你這個不守節的女人，你老公既然被賊人殺了，你卻反而跟著賊人過生活，我留你何用？」過澆一樣將母親高舉過頭，單是輕摔在地面而已，他的母親就已經全身骨頭盡斷而死。過澆再舉起寒浞宮中用來捍衛宮門的大鐵棍，離開宮中去迎擊外面守候的衛兵。來不及逃走的衛兵，全都給過澆殺了。……看到過澆一個人衝回國，戴寧高興地說：「即將大功告成！」於是一方面先叫女艾回到宮中去準備酒宴為過澆接風，自己則和奴靡率領不服過澆的兵士民眾躲在暗處；另一方面派出親信去迎接過澆，還騙說：「鹿椒已經造反逃跑了，國都裡所有臣民也都跟著逃亡了，只剩下宮中的女眷還留下來。」過澆聽到嚇了一大跳，進到國都果然看不到一個人，於是趕緊進宮。宮人的妾婢們大家都哭著迎接過澆回來，你一嘴我一句地說：「鹿椒造反，如果沒有女艾在宮門外捍衛我們，我們早就被擄走了！」大伙兒於是簇擁著過澆，爭著給他酙酒洗塵接風。

過澆急忙趕回國，已經累得不得了，也顧不得什麼喝酒的應對禮節，拿著酒杯就大喝大吃了起來。結果還沒吃飽，毒藥就已經發作，他按著肚子起身，大叫：「我肚子好痛好痛呀！」這時候女艾已經把宮中所有武器全收了起來，宮中女眷也全都躲得好好的，只有女艾一個人拿著刀躲在廚房裡。還在廚門後挖了個洞。過澆肚子疼，全身發熱，控制不了自己。大聲呼救，宮中也沒有人來救他。他想去廚房取水來喝，就這麼掉入事先挖好的洞裡，女艾趁機一刀刺向他的咽喉，結束了他的性命。接著再叫戴寧和奴靡進宮來，將過澆的屍體從洞裡鈎出來，擺到市街上示眾，並四開城門，讓過國民眾們來看這暴君的下場。接著奴靡再把過澆的頭割下，插在玄旗之上，表示過澆是被夏王處死的。……少康四十歲那年的十二月，先到夏王相的宗廟祭告這件事情，並以四位意圖篡夏的主謀屍骨做為祭品。隔年壬午年定為少康王朝的元年，該年正月少康即位為夏王。禘祭五廟，望祭先王王陵，郊祭天、祈祭地，祭祀時設九鼎，表明自己正統的治權，身坐鈞台山上受諸侯的朝拜，少康於是成為中國史上第一位中興王朝的國君。（節錄翻譯自《夏商野史．第九回》）

【事件中的情報觀念探討】

夏朝是中國歷史上第一個朝代。在這一歷史時期，隨著原始社會的瓦解、奴隸制度的逐步建立，王朝內部各階層間的鬥爭、統治者之間的爭奪私有財產和權利的鬥爭日益激烈，中國古代的間諜和間諜活動也就應運而生。

少康是夏朝著名的中興君主。少時一直受到叛將寒浞和他兩個兒子澆和豷的追殺。後來得到有虞氏首領虞思的幫助，蓄積力量，欲圖重興夏業，他廣施恩惠，收攬夏的遺民遺臣。少康聰慧過人，多才善戰，精於謀略。他把大臣女艾派到澆統治的過地去從事間諜活動。女艾潛入過地，窺探澆的動向和過地百姓的民意，隨時秘密報告給少康。少康靠女艾的密報採用內外夾擊的戰術，終於殺澆滅過。少康還把自己的兒子季杼派到豷

——《夏商野史・第九回》

所在的戈地進行間諜活動。季杼善於用計，最終幫助父親完成了殺豷滅戈的心願。少康經過幾十年的抗爭，透過間諜活動，終於消滅了寒浞，奪回過、戈等封地，恢復了夏朝的統治，這就是歷史上的「少康中興」。這也是中國最早見於文字記載的間諜活動。

少康之所以能夠中興夏朝，係透過諸多情報要素的蒐集，如人、時、地、物等，並據以規劃後續相關的情報活動。本篇旨在藉此說明情報的要素。但在此之前，必須先針對情報的定義做一說明。

「情報」在英文（Intelligence）原為一高雅的字眼（An Elegante Worte），根據《牛津英文字典》（Oxford English Dictionary）的解釋，Intelligence的原意是泛指「瞭解的能力」（the Faculty of Understanding），並未帶有任何特殊的意義；但在十九世紀初年，Intelligence已開始被賦予「間諜的通訊」（the Communication of a Spy）的意思，至十九世紀末，一些主要的國家，在其政府機構之中，尤其是軍事情報部門已公開地使用Intelligence一詞，遂使Intelligence一詞逐漸具有指政府的情報機構、情報事務、情報活動等特殊專業上的意義。

此後，Intelligence雖已被廣泛地作為情報專業上的使用，但其意義卻很快就出現眾說紛紜的現象，如著名的「胡佛委員會」（the Hoover Commission）在一九五五年對美國的情報活動進行調查時，即很驚訝地發現，美國的各情報機構對情報一詞的解釋都有自己偏好的觀點；然而此種分歧的情形，並非完全是各機構的本位主義作祟，而是因為Intelligence一詞的意義原本就極為廣泛複雜；舉例而言，美國的情報學者特洛依（Thomas F. Troy）即認為，對情報的解釋基本上都應涵蓋「原始的」和「完成的」情報（raw and finished intelligence）、「正面的」及「反面的」情報（positive and negative intelligence）、「戰術的」和「戰略的」情報（tactical and strategic intelligence）、「機關的」和「國家的」情報（departmental and national intelligence）。所以當卡爾（Leo D. Carl）在編撰《國際情報字典》（The International Dictionary of Intelligence）時，即收錄了至少一百二十七條有關情報的定義。此外，威爾森（William Wilson）在其所編的《美國情報字典》（Dictionary of the United States Intelligence Services）中，對情報的意義也有二十條說明。

二次大戰之後，對情報的意義提出具體看法的人，首推美國早期情報學者肯特（Sherman Kent），他在其名著《美國世界政策的戰略情報》（Strategic Intelligence for American World Policy）一書中即曾指出：基本上情報就是一種「知識」（Information），而且是一種攸關國家安全的知識，情報的目的就是在追求一種有價值的知識（search for a useful knowledge），但知識的追求，則必須透過由人採取各種實際的活動（Activities）才能獲得，而人又必須仰賴各種類型的組織（Organizations）的支援配合運作，才有可能順利地進行情報活動或完成情報工作。故而從廣義上來看，情報可以說包含知識、活動與組織等三個層面。

第一、情報就是知識（Information）

肯特強調情報在戰略上的意義，他指出「戰略情報」（Strategic Intelligence），乃是一個國家不論平時或戰時，在處理對外關係時所需具備的知識。美國「聯席參謀會議」（The Joint Chiefs of Staff）將戰略情報界定為：制定國家軍事計畫或政策所需要的知識。因為，情報就是關於其他國家的計畫、企圖、和能力的知識。美國國會也參考軍方的觀點對情報有所界定，將所有已蒐集的知識加以整理、分析、整合及解釋後所產生的結果，這些結果可能是與任何外國有所關連，並且對國家的利益具有立即或潛在的重要性。

第二、情報就是活動（Activities）

情報是不會自動地出現或產生，事實上所有的情報都是必須透過採取各種實際行動才可能獲得，因此，有些學者傾向於從活動的角度去分析情報的意義。知名的情報研究學者高得生（Roy Godson）博士即為此派代表，他指出所謂的「情報」包含四個主要的構成要素（Elements of Intelligence）：蒐集（Collection）、分析（Analysis）、反情報（Counterintelligence）及秘密行動（Covert Action），而且這四個部分彼此之間具有極為密切的相互依存關係，任何一項的成敗都會影響到其他要項的成效。舉例而言，秘密行動雖然經常作為國家對外政策的工具，但仍需要有反情報作業的周詳保護，以免使其行動曝光而失敗，因此，成功的反情報也可以說是秘密行動的先決條件。所以即使因為組織分工的關係，將四項活動分別由不同的部門或機構負責掌管執行，但四項活動仍應視為一個整體而不能分開，否則必將影響情報活動的執行與成效。

第三、情報是組織（Organizations）的運作

所有的情報活動都必須由人去執行，且絕大多數的情報活動都不是透過英雄式的

單打獨鬥即能完成，必須仰賴有組織的情報機構運作；因此，有些學者較為重視組織方面的因素，他們認為情報主要是政府各種情報部門或情報體系運作的結果。馬契提（Victor Marchetti）和麥克斯（John D. Marks）即強調：情報是有關政府政策的制定與執行，其目的主要是維護國家的安全利益，或處理來自國外現實和潛在的威脅；事實上，所有的情報活動，從蒐集到分析以及各種行動的執行，都需要有各種不同的情報機構去負責執行，否則最多僅是政策的規劃而已。

其他學者亦有針對情報的意義提出與前引觀念不同的見解。像凱斯利（David M. Keithly）認為：慣用的情報定義是蒐集、評估、分析、整合及解釋所有資訊後的產品，而這些「所有資訊」指的是一面或多面關注外國或地區，有意義的、立即的、或是有潛力的計畫、政策的執行。通俗的情報概念就是神秘及冒險的活動，而這些活動部分是從國際陰謀的運作或是虛虛實實的間諜行為所衍生出來。雖然神秘及冒險在情報組織的工作中佔有一定地位，但被戴上「神秘」這頂帽子是導因於情報活動的本質及其目的，並經常藉由嚴格的安全理由來避免公眾的審議。完整地說，一般人對於情報運作仍是難以理解。如能正確運用，它就可以成為一項利器，至於它的效能則必須建立在一定的準則或程序的基礎之上。

在我國，根據情報學先進杜陵教授的界定：情報是一門知識，一種工作，而且是一門科學知識，一種政治工作。其中，「情」係指一切人、事、物的「外在形象」與「內在實況」；「報」則指人對人、事、物之「情」企求瞭解的一種活動，包括觀察、蒐集、（分析）研判、製作、傳遞（與分送）等行為。

學者張中勇也指出：情報基本上應是一種（對敵）知識及其尋求之活動過程；而其尋求途徑則有秘密蒐集和公開蒐集兩大類；情報處理過程之分析、評估、產製過程及後續之分送與運用，應是情報活動的核心與目的。

學者宋筱元更根據肯特（Sherman Kent）對情報的定義，認為情報基本上是指經由各種人員或技術工具的途徑或管道，將蒐集來的各種類型的資訊，如文字、圖畫、聲音、影像等，經過處理分析的過程，轉換成具體的情報內容，而能提供給決策者（decision makers）作為參考之用。因此，情報也就是由情報體系（機構）透過各種的方式（活動）所獲得的資訊，再經由一連串的處理過程，將之轉變成一種有價值的知識，以幫助決策者從事政策的制定。

學者張殿清則提到：當代社會的高度文明已把人類推向資訊化的時代。因此，當我們研究情報的概念時，就不能不和資訊聯繫起來。按照現代資訊理論的觀點，情報在本質上就是一種資訊。就廣義上資訊解釋，就是人與人、人與物以及生物與生物之間進行交流的訊號；就狹義上資訊解釋，資訊標誌著事物的屬性，是事物之間內在的聯繫與含義的表徵。因此，從定義上解釋，資訊是廣義的情報、情報是狹義的資訊。情報的種類很多，外延很廣，對其進行分類的方式也很多。因此，情報就是預先或及早知道的關於某種情況的消息，它包括某種情況的資訊、報告和資料等等。若以實用概念（working concepts）之途徑來加以定義，情報是指過程、產品與組織。就過程言，可被認知為一種手段，其中提出攸關國家安全之特定資訊的需求、蒐集、分析及分發給決策者；且對於一些類型之秘密行動加以構思及執行；及經由反情報活動對這些過程與資訊加以保護；就產品言，情報就是前述過程之產品，是經由法律正式授權而要求之分析、行動等相關實施作為；就組織言，情報可被視為是執行不同國家安全政策功能之單位。而資訊時代對決策者有用之情報，除既有之秘密蒐情手段外，尚要有能有效運用公開資訊之進入途徑。

回到關於情報要素的討論，學者杜陵認為，由於情報本身具有綜合性、運用性，故此構成情報的內容，必須具有下列要素的全部或一部：

其一、人：「人」有分個人、集體之分。在意義上包括情報產生的「人」與情報對象的「人」兩種。情報產生方面，即情報來源以至於傳遞、處理、研判、運用各階層的「人」均屬之；情報對象方面，一為指單一的「人」，如人物誌的「人」；一為指集體的「人」，如敵方之兵力，以及其增援部隊等均屬之。「人」為一切的主源，戰爭的主宰，故在構成情報的要素中，對於「人」的分析與認識，特別重要。

其二、地：「地」有地名、地形、地貌、經緯度等分別。「地」之意義，簡單地說，「地」就是指空間而言，如登陸之灘頭、港口，預想戰場的地形，適於空降作戰的地區，生產重要作戰物資的工廠位置等。對於空間情報，主要在認識其被用價值。《孫子兵法》說：「地者，遠近、險易、廣狹、死生也。」這是指地理情報的要素而言。戰國時齊國孫臏大破魏將龐涓於馬陵道，即為善用地理情報的例證。此外，「地」的另一意義，也包括情報來源的原報地點，與事態所發生的地區。

其三、時：「時」的意義，包括情報來源原報時間、中間呈轉時間，與事態發生的時間。至於行動所需時間的推斷計算，則係情報延伸的作業，非情報本身的因素。此外，「時」亦具有「天時」之意，如陰陽寒暑、明暗度、季候變化與時間限力等。而情報的「時效」特性更與「時」的要素密切相關，不可分離。

其四、事：「事」有事象、事理、事實之分。「事」為人的作業表現及成果，其本身即含有人、地、時、物、數諸因素，換言之，即係由人、地、時、物、數諸因素所構成。例如中共所發動的「文化大革命」及「四人幫奪權鬥爭」均可稱之為「事」。故情報要素中，以「事」的要素最為複雜與重要，而情報所產生的智識，亦即以「事」為中心的知識。

其五、物：「物」有主體、從體之分。其與人、地、事相關連者，為從體之「物」，如人用毛筆寫字、用武器作戰，此一寫字之毛筆或作戰之武器即為「人」之從體，亦可為寫字或作戰之「事」的從體。又如花蓮產大理石，則花蓮之「地」為主體，大理石之「物」為從體。物的記述，如係從體，可較簡，如係主體，則應不厭其詳，分析解說，必要時並須繪圖說明，或舉「物」以證。

其六、數：多寡、短長、輕重、大小、久暫均謂之「數」。數者量也，含數量與質量二方面。數量含現存數量與潛在數量，如裝備之現有各品類數量，與可能接受補充的數量等。質量含能力與能力限制二項，如通信器材的通話距離，火器的射速、射程及口徑，彈藥的爆炸威力，汽車的馬力及時速等，均須用「數」來表示其特點或本質條件。在這科學競爭時代，「數」的因素更為重要。

以上所列乃是一件完整情報所必備的要素，另外尚有「因」、「果」二項，在情報活動中亦儘可能具備。

其七、因：有靜因、動因、遠因、近因、主因、副因之分。凡事必有「因」，只是事的「因」往往不是產生於事的已見之時，而是產生於事的未見之先。如人之致病，必有其在體質方面所以致病的潛在因素，故全身檢查為診療一切病患的基本必須措施。前者係屬靜因，後者則係動因；或前者係屬遠因，後者係屬近因，亦無不可。至於主因與副因，則有時恰好為遠近動靜之倒置，亦即飲食中毒為主因，體質衰弱為副因，此不可不察。

其八、果：「果」就是結果，也包括影響在內。凡「因」必有「果」，而事的「果」往往不是一個簡單的結果，甚至可能產生非常複雜的影響作用，此結果是直接的「果」，影響是間接的「果」。例如：一九六五年六月十九日阿爾及利亞政變的結果，使原訂於六月二十九日在阿爾及爾舉行的第二屆亞非會議無法如期揭幕，故與會各國協議將該次會議延期召開。這一會議的延期，便是直接的「果」，因此事之發生所受的影響非常複雜，便是間接的「果」。

貳、情報的保密性

——《史記．項羽本紀》

【《史記．項羽本紀》中的諜報事件】

函谷關有漢兵守關，（楚軍）無法由此進入秦國的心臟地帶；又聽到沛公劉邦已經攻下咸陽，項羽盛怒，令當陽君率兵要求漢兵開關，於是進入了秦國，行軍到戲地之西。當時沛公駐兵在灞上，沒在第一時間見到項羽。沛公手下左司馬曹無傷叫人去向項羽告密：「沛公想當關中王，再讓原來的秦帝子嬰擔任相國，把所有珍寶據為己有。」項羽盛怒之下說：「隔天一早讓士兵吃飽，馬上去消滅沛公的軍隊！」

沒想到沛公隔天一大早就在百餘騎兵的保護下來見項王。到了鴻門便謝罪說：「我和將軍您全心全力攻打秦國，將軍在黃河以北作戰，我在黃河以南作戰，沒想到先由我入關大破秦軍，才能在這裡見到將軍您。現在有卑鄙小人亂說話，想要破壞我和將軍您的感情。」項王說：「這些謠言都是你的手下左司馬曹無傷講的，不然我幹嘛沒事發兵到這裡？」……沛公一回到軍中，馬上就殺了曹無傷。（節錄翻譯自《史記．項羽本紀》）

【事件中的情報觀念探討】

西元前二〇六年，劉邦攻佔咸陽，俘虜了秦朝末代皇帝子嬰，駐軍灞上，並派兵把守函谷關，阻止項羽入關。項羽聽說劉邦先他一步得手，非常妒忌，於是也揮師西向，直奔函谷關，駐軍新豐鴻門，離灞上僅四十里。項羽軍隊號稱四十萬，而劉邦只有十萬，力量懸殊。這時，劉邦手下的左司馬曹無傷叛變，偷偷派人給項羽傳來「劉邦準備在關中稱王」的情報。聽到這個消息，項羽恨不得立即將劉邦除之而後快，於是決定第二天一早就發兵攻打灞上。第二天，劉邦到鴻門拜見項羽，表明自己一向與將軍合作愉快，只是無意中先將軍一步攻入關中，決無稱王之心，並問將軍是誰在謠言中傷。項羽回答說：「這是你手下左司馬曹無傷說的。」從這段歷史典故中可以看出，項羽不知應該「保護情報來源」，他親口告訴劉邦，是曹無傷向他密告劉邦要與他爭王，此舉不知是有心還是無意，如果無意，實在是有勇無謀，難怪他一步步走向自刎於烏江的悲慘結局。

本篇旨在說明情報的秘密特性，如無法做到保密，往往破壞原先的政策規劃，甚至貽誤軍國大事。情報的積極作用在求「先知」。所謂先知的「知」，就是用秘密的方法，尋求瞭解關於敵人的秘密及其現況與行動的知識，以便採取至當行動，制敵機先。情報的消極作用為防止敵人獲取關於我方秘密的知識，預防敵人的奇襲及危害我方安全的陰謀。所以一切情報活動的對象，一定是有關敵、友的重要機密事項，以求得對敵抗爭的勝利，保障國家的安全，並貫徹我之政策。因此非秘密不能成為情報。《周易．繫辭》謂：「幾事不密則害成」，揭喧子所言：「謀成於密而敗於洩，事成於陰而敗於陽」，均可以看出對敵情報抗爭所具有的「秘密」特性。

學者杜陵指出，情報工作具有「機密性」的特質。所謂機密性，含有機動與秘密二種特性，其目的在於構成神秘性。機動性的內容：一為簡單，二為迅速，三為適應性。簡單為機動的根本，迅速為機動力的表現，其作用在縮短時間，縮小空間。適應性，在求擴大空間的活動。具有這三種要素，始可稱為獲得高度的機動力。有了高度的機動力，而後工作才能靈活，效率才能提高。秘密即是保密，概分二種，一為機之密，一為事之密。揭暄《兵經百篇．機字》曰：「勢之維繫處為機，事之轉變處為機，物之緊切處為機，時之湊合處為機。」機即是在有無之間，似無而有，似有而無。吾人所謂乘機、握機、用機、造機，即此之謂。事為作為、行動，而形於外者。《太公兵法》：「道在不可見，事在不可聞，勝在不可知。」「道」是企圖，屬於「機」的範圍，是不可見的。「事」與「勝」，即是作為與行動，是形於外而可見的。但兵陰事也，以收斂固嗇為主，外洩者敗、形露必潰。所以《太公兵法》又說：「機事不密，則害成。」

此外，情報工作實施的空間，包括敵、友、我三方所在的場所，環境雖各有不同，但工作對象均必詭譎多詐，且採取各種保密、隱蔽、偽裝、欺騙及防護的措施，逃避我方耳目，以免為我察覺，甚至多方妨礙、破壞我方工作。所以我們首先必須把握工作對象之隱蔽性，隨時隨地注意各種可疑徵候，尋覓達成任務的有利途徑，並防墮入其偽裝、欺騙、矇混、誤導等手段之陷阱，儘可能進行追根究底，使敵突出在明處，而我則隱於暗處，然後以暗擊明，才能收事半功倍之效。

《孫子兵法》指出：「事莫密於間」，這也是用間的一條基本原則。孫子充分認識到保密在用間活動中的重要性，並提出了嚴格的保密紀律。間諜活動的謀劃，只有做到保密，才可保障用間之成功。如果把用間的秘密洩漏出去，用間活動就難以進行，甚至派出的間諜被收買轉而反對自己。《孫子兵法》：「問事不密，則為己害。行間貴密……兵機皆貴密，不獨用間為然也，而用間尤宜密。」所以要想確保用間計畫的順利進行，必須嚴格保守秘密。《管子》也說：「幾而不密，殆」，機密的事情沒有保守秘密，就一定要失敗。

參、情報的花費性

——《史記．陳丞相世家》

【《史記．陳丞相世家》中的諜報事件】

漢王劉邦問陳平：「天下這麼亂，要怎麼平定呀？」陳平回道：「項王這個人態度恭敬又能愛人，所以廉節好禮的讀書人都去投靠。但講到要論功行賞封地這種事，項王就太吝嗇了，所以這些賢人久了就想離開他。今天大王您態度輕慢而少禮，有德行的讀書人不會想投靠您；但您若能重賞並封地給這些賢人，就算那些愚笨愛錢但有才幹的人也會想要來投靠您。把您和項王的缺點改掉，留下您和項王的優點，就能輕易地平定天下。可惜大王您很愛羞辱人，就得不到有德行的人來輔助您。今天看楚軍陣營有可以讓我們見縫插針的，不過就那些項王的股肱之臣：亞父、鍾離昧、龍且、周殷這幾個人。

大王您若能拿出黃金數萬斤，用反間計，離間他們君臣的關係，讓他們互想猜疑，要知道項王做人最容易相信讒言，此舉可以讓他們自相殘殺。此時我軍再舉兵攻打，一定能大破楚軍。」漢王認同陳平的建議，便拿出黃金四萬斤給陳平，讓他隨心所欲地運用，毫不過問。

陳平既然得到金援好在楚軍之間施行反間計，便叫楚軍中的間諜到處散佈謠言，說這些幫項王打天下的將領如鍾離昧這些人，建立了許多功勞卻得不到封地封王，他們已經打算和漢軍聯手，消滅項家來分地稱王。項羽聽到謠言之後果然便不再信任鍾離昧他們。項王既然懷疑了，便打算派使者到漢軍去一探究竟。漢王以太牢等豐盛食物招待，一見到楚使即佯裝大驚說：「我還以為是亞父來了，原來是楚王的使者呀！」便將珍饈撤去，換上粗惡的食物給楚軍使者。等到使者回去，便將所見所聞跟項王說。項王果然就懷疑起亞父。當時亞父急著想要攻下滎陽城，項王因為不相信亞父，不聽從他的建議。亞父知道項王懷疑自己，氣得說：「天下差不多要平定了，項王您好自為之，我想保留我這身老骨頭返鄉！」亞父返鄉還沒走到彭城，背後生了爛瘡就病死了。（節錄翻譯自《史記．陳丞相世家》）

【事件中的情報觀念探討】

楚漢戰爭時期，劉邦手下的陳平以重金行間的高超手段，瓦解了項羽的高級領導階層，推動了劉邦成就統一大業。陳平得到充足的經費之後，立即拿來收買楚軍將士，在項羽的軍中迅速建立了一張間諜網，並傳播假情報，說項羽手下的主要將領即將與劉邦聯手消滅項羽，而項羽竟也聽信這些假情報。陳平的間諜戰略，離間了楚軍將帥，消滅了楚軍的智囊，在楚軍的上層指揮系統中造成人才短缺，導致了項王戰略指揮不力，最終戰敗。《李衛公兵法》云：「凡見皆須隱密，重之以賞，密之又密，始可行焉。」除了秘密特性之外，情報工作也有金錢花費特性。

學者杜陵指出，保密在安全上是經濟的，在成本上則是不經濟的。普遍在對象認識上是必須的，在成本上也是不經濟的。情報抗爭是秘密的抗爭，情報工作是普遍的工作，故形成其必然的浪費性。此在情報機關的組織、人員、器材、以及情報產生的方法暨其數量此例與質量比例上觀察，至為明顯。奧國戰將莫德古古里氏說：「戰爭之要素，第一是錢，第二是錢，第三還是錢。」在情報戰爭上，尤不例外。

發生在後冷戰時期美國的羅伯特・韓森（Robert P. Hanssen）間諜案，可用來說明情報工作的金錢浪費性質。韓森在一九四四年出生於美國芝加哥，一九七六年至聯邦調查局（ＦＢＩ）工作，負責監視蘇聯駐紐約外交官的行蹤。一九八五年十月一日，韓森主動將一封信放在蘇聯駐美大使館情報人員住宅前的信箱，表示願意提供美國情報機構的最高機密檔案，並要求十萬美金的報酬。從一九八五年開始，韓森一共向蘇聯提供了二十七封信件和二十二個郵包約六千頁的機密資料，其中包含美國的核武器發展計畫、電子偵查技術、總統安全計畫、潛伏在蘇聯境內的美國間諜名單、美國對蘇聯的間諜行動技術、美國的反間諜技術、美國對蘇聯間諜案的調查機密情報等。其擔任蘇聯間諜時間長達十五年，美國聯邦調查局認為韓森從事的間諜活動是美國有史以來最嚴重的叛國行為，對美國國家利益造成極為嚴重的傷害。韓森最後在二〇〇〇年被聯邦調查局逮捕，總計韓森在從事間諜活動期間共收受了一百四十萬美元的現金以及貴重禮品。而為了破獲此案，美國政府也支付了「七百萬美元」給俄羅斯情報機構的內間，獲得此案的關鍵證據——一只留下叛國者韓森指紋的文件袋。韓森最後在二〇〇二年被判處終身監禁，不得假釋。

另外根據學者泰勒（Stan A. Tailor）和史諾（Daniel Snow）研究，美國在冷戰期間，一百三十九名犯下間諜行為的成因，發現在一九五〇年代，某些美國人的背叛，是因為受到蘇聯共產主義思想的吸引。但在後冷戰時期，金錢已成為叛國的最主要動機。泰勒和史諾建立了一個由一百三十九名正式被指控間諜罪的美國人所組成的資料庫，試圖包含所有在冷戰期間被逮捕的叛國者。研究發現，所有的動機可被歸納為四個種類——金錢、意識形態、逢迎和不滿情緒。在這四個項目中，金錢和不滿情緒的可能性逐漸升高，而意識形態和逢迎的機率則是逐漸減弱。金錢因素似乎是近期美國歷史裡，誘惑叛國者最為普遍的一種。

前中央情報總監（Director of Central Intelligence, DCI）威廉・韋伯斯特（William Webster）在任時曾提到，他自一九八六年以來，從未見過不為金錢所動的叛國者，「這是一九八〇年代思想真理的退化，唯物主義的上揚。」研究顯示，金錢因素在冷戰時期所有的間諜行為動機當中佔版百分之五五點四的比例，也是迄今為止最為普遍的動機。這些是指以賺錢為目的而被逮捕，或在款項轉手前就被發現的叛國者。當與次要因素結合時（如意識形態、不滿情緒等），金錢在一百三十九個案例中，更高佔了百分之六十二點六的比例。金錢因素動機比例的上升反映了唯物論和貪婪情形的日趨嚴重，也指出如何招募他國公民為本國情報機構服務的技術方法。

凡此均可說明情報工作的金錢運用與花費特性。

肆、情報的心理性
——《隋書·列傳第十七》

【《隋書·列傳第十七》中的諜報事件】

隋文帝接受北周皇帝禪位後，私下有想要吞併江南的念頭，各處尋訪可以擔當此大任的人。高熲進言：「本朝大臣中，文武兼備的就只有賀若弼了。」高祖說：「您說得沒錯。」於是拜賀若弼為吳州總管，委託他平定陳國之事，賀若弼欣然同意這項任命，並和壽州總管源雄合力用重兵固守南方。賀若弼還送了一首詩給源雄：「驃悍的騎兵在河邊穿梭，防禦力有如鐵幕；連綿紮下的營地，把河邊的空地都給團團守衛住；可別使戰馬上戰士手中所持的旗織上不見我倆的名字呀！」

……後來賀若弼獻上攻陳的十項建議，高祖覺得不錯，便賜他寶刀。開皇九年，大舉出兵攻打陳國，並以賀若弼為行軍總管。在渡過長江前，賀若弼誓師說：「我親自接受國家的戰令，遠征要宣揚國威，討伐有罪之人，安撫生活困難的百姓，除去暴虐的政權，上天和長江都為我做證。不管前方是吉或凶，請保佑大軍能順利通過挑戰；如果伐陳之事不成，我願葬身江中，為魚蝦所食，死了也不感到悔恨。」一開始，賀若弼叫沿著長江防守的兵士每每在交班的時候，一定要在歷陽集合。此外還要高舉大旗，紮滿營帳。陳國人一開始以為大兵來襲，將全國的兵馬都給調來。等到得知原來是隋軍換防，於是就解散回國。後來再看到隋軍大隊人馬到來，也以為只是交接換防而已，並不再防備。等到這時候，賀若弼再命大軍一起渡江，而陳國人一點也沒有察覺到危險。（節錄翻譯自《隋書．列傳第十七》）

【事件中的情報觀念探討】

隋文帝統一北方後，就準備掃平南朝的陳叔寶，伐陳前夕，隋朝大將賀若弼散佈大量假情報以迷惑對方。賀若弼命江防士兵換防時，都在歷陽集合，並在廣陵大張旗鼓，在曠野設營帳，陳國人起初以為隋國的大軍攻來了，立即派出軍隊，做好戰鬥準備，後來知道是隋軍換防就不再戒備。賀若弼又命士兵沿江打魚，人馬喧噪，聲勢不小，陳國人認為是對方在打魚，也就放鬆了警戒。賀若弼還以老馬多不好使喚為藉口，暗中賣馬並買進陳國船隻後藏匿起來，又買了破船五六十艘，公開停泊在港口中。陳國間諜看見後回去報告說中原無好船可用。陳朝君臣更是高枕無憂。這都是伐陳之前所施用的心戰手段。

本篇旨在說明情報競爭或間諜活動中的「心理戰」特性。心理戰即心理作戰，它是現代間諜活動中最常用的謀略手段之一，是間諜情報機關實施「秘密行動」的主要形式之一。心戰活動又稱「間諜心戰活動」、「心戰宣傳活動」等，通常是把帶有欺騙性、煽動性、迷惑性、挑撥性的真真假假的消息、資料和宣傳品散佈或發送給對象國或地區，來離間或瓦解其內部團結，擾亂其居民和武裝部隊的精神狀態，煽動其民眾的敵對情緒，攪亂其敵我陣線，以求從心理上控制或擊潰對方，從而達到一定的政治目的。

心戰活動的主要手法有：

一、利用報刊、廣播等傳播媒體進行輿論宣傳。

二、在對象國或目標地區的在野勢力或反政府武裝中培植代理人。

三、採用飛機空投、氣球空飄、海上浮漂等散佈真消息、假消息或真假摻半的消息。

四、控制和利用學者及研究機構，以促進輿論的傳播。

在第二次世界大戰期間，美國成立了一個專門進行瓦解敵方軍心的活動組織——「心理作戰組」。該組織在配合盟軍主力作戰中發揮了重要的作用。在盟軍進攻西西里島時，美國心理作戰組及時地展開了心戰活動。他們把印好的傳單放進大炮中，讓美國炮兵發射到義大利敵軍據點。傳單告訴義大利人：納粹要把他們熱愛的義大利變成戰場；他們已被利用，處境危殆。同時，這些傳單又是「投降書」。義大利官兵只要拿著這些傳單來投降盟軍，就可以保證他們在盟軍後方獲得充足的食品和人身安全。

隨著這個心理作戰組發出的傳單日益增多，義大利士兵開始集體投降了。他們數十人或數百人一同奔向盟軍，每人手中都舉著一張傳單作為安全通行證。這種傳單變得愈來愈重要。在突尼西亞戰役末期，阿拉伯人甚至把傳單拿到黑市專門賣給義大利人和德國人作為「投降書」。盟軍第二軍軍長喬治・巴頓（George S. Patton）將軍就下令在他的陣地前方投放傳單，以便瓦解義大利軍隊的士氣。一位心理作戰組的人員說：「我們拯救了許多美國士兵的生命，因為戰場上多一個舉著傳單來投降的敵人，就等於減少一個在前線射擊我們弟兄的敵人。」

心理作戰組另外還利用廣播宣傳來削弱德國人的鬥志。在西西里島的德國人大部分來自法國南部的後備隊。心理作戰組便對他們進行每天二十四小時的廣播。德國的許多戰車都裝設無線電，所以德國高級指揮部無法阻止士兵收聽廣播。心理作戰組用義大利語、德語和法語進行廣播，這些廣播如同攻城的重磅炮彈，在盟軍進攻西西里島的戰役中發揮重要的作用。

伍、情報的時效性
——《史記．魏公子列傳第十七》

【《史記．魏公子列傳第十七》中的諜報事件】

信陵君和魏安釐王下棋，突然傳來北方國境有人來犯的消息，傳令提到：「趙國率兵前來，即將要進入魏國國界。」魏王放下棋子，想要召喚大臣們共商軍機。信陵君阻止魏王說：「那是趙王來打獵而已，不是要來侵犯我國。」並接著繼續和魏王下棋。魏王心裡恐慌，心思根本不在棋盤上。沒多久，又有軍報從北方傳來說：「那只是趙王來打獵而已，不是要侵犯我國。」魏王嚇一跳地問信陵君：「您怎麼知道這內幕？」信陵君回道：「我有個門客深知趙王的一舉一動，趙王想要做什麼事，那門客都會馬上告訴我，所以我才會知道。」（節錄翻譯自《史記．魏公子列傳第十七》）

【事件中的情報觀念探討】

信陵君即魏公子無忌，其異母兄長魏安釐王封其為信陵君。為了防止秦國的進攻，信陵君利用其在政治及經濟上的優勢，廣招天下賢士，四方之士紛紛聚集其門下，門客最多時竟達三千餘人。他充分利用這些門下食客的特長，讓他們秘密潛入秦國以及其他國家，廣泛蒐集魏國所需的各種情報，所以魏國當時雖然國勢衰微，但因為信陵君成功進行各種間諜活動，周圍的其他諸侯國十幾年不敢攻打魏國。本篇旨在說明信陵君的門客能及時傳遞情報，讓信陵君充分掌握他國的行動訊息，並得以適當反應，這揭示了情報時效的重要性。

美國的情報學者肯特（Sherman Kent）在其名著《美國世界政策的戰略情報》（Strategic Intelligence for American World Policy）一書中指出：情報是一種組織，……它必須確保所生產的關於這些國家的情報對決策者是有用的，與決策者關注的問題密切相關，具備「完整性」、「準確性」和「及時性」。情報的價值，貴乎切合需要，乃能顯現出其「先知」與「機先」的功能。就情報蒐集的指導而言，固有時間性的要求，在情報的產生和處理而言，尤應適時適切，以掌握瞬息萬變的敵情，並把握稍縱即逝的戰機。故情報價值的判斷，時間因素亦極重要，否則，雖是一件完整而重要的情報，若不能爭取時效，便成明日黃花，毫無價值可言。故情報的蒐集、傳遞、處理、運用，都要力求迅速，爭取時效。

中國歷史上另外有兩個關於情報之「時」的例子可供參考。一為禹會諸侯於塗山，防風氏後至，斬之。此為不守「時」的結果。一為曹操伐吳，周瑜為孫權數曹操必敗之因：「今盛寒，馬無藁草，驅中國士眾，遠涉江湖，不習水土，必生疾病，此用兵之忌也。」曹兵果敗。此為不知「時」的結果。尤其現在已進入太空作戰的階段，「時」的重要性不知較之以往要高出以往多少倍，站在情報的角度，「時間」因素可以說能決定戰爭的勝負。

一份情報只有在特定條件下、一定時間內才能產生一定的效能。這就是情報的時效性；若是誤了時間，就是再有價值的情報也無法發揮效用。古今中外，情報因失去時效而失去價值的事例不勝枚舉。例如第二次世界大戰時期，日本在偷襲珍珠港的六小時前，美國軍方早已察覺日本的意圖，但馬歇爾（George C. Marshall）將軍的特急警告電報被以普通的商業電報發送，也沒有在電報上註明「緊急」字樣，致使重大情報被延誤，當電報抵達決策人員時，日本襲擊珍珠港的戰鬥已經開打。這種情報因對象、形勢變化和時間變遷而喪失實際價值的情況，是情報工作所極力要去避免的。

陸、情報政策的連動性
——《史記·白起王翦列傳》

【《史記·白起王翦列傳》中的諜報事件】

秦昭王四十八年十月，秦國又攻打下上黨郡。便將軍隊一分為二：其一由王齕領軍攻下皮牢；其二由司馬梗領軍攻下太原。韓國、趙國惶恐，於是派出蘇代帶了許多珍寶去向秦國相邦范睢遊說：「白起已經擒抓到馬服之子趙括了嗎？」范睢回答：「對呀！」蘇代又問：「即將包圍邯鄲了吧？」范睢回道：「對呀！」蘇代又問：「趙國一亡，秦王差不多可以稱霸天下，而白起也可以封為三公之一。白起為秦國攻下七十餘城，在南方平定了鄢、郢、漢中這些地方，在北邊打敗了趙括的軍隊，就算周公、召公、姜太公再世，他們的軍功也比不上白起。

「今天趙國亡國，秦王稱霸，白起封為三公，您難道能屈居他的下位嗎？就算您不想，也無可奈何。秦國還想攻韓國，包圍邢丘，困住上黨，但上黨居民都為了想當趙國人而反叛，天下人都不想當秦國人。今天打敗趙國，秦國國境北到燕國，東到齊國，南到韓國、魏國，但您又能得到多少人民支持呢？倒不如趁現在建議秦國讓趙國割地稱臣，不要反倒幫白起立大功。」於是范雎去向秦王建議：「秦兵已經疲勞，請答應韓、趙兩國割地求和的要求，讓士卒們休息吧！」秦王聽從他的建議，讓韓國割了垣雍，讓趙國割了六座城池。隔年正月就停兵。白起知道這是范雎的主意，便和他有了不愉快。

當年九月，秦國又發兵，派五大夫王陵攻打趙都邯鄲。當時白起生病，無法隨行。四十九年正月，王陵攻打邯鄲失利，秦國想再出兵支援王陵，沒想到王陵的軍隊後來打敗仗，死了不少將領。白起此時已經病好，秦王想讓他替代王陵，沒想到白起說：「邯鄲沒這麼容易攻下，而且諸侯的救兵沒多久就來了，那些諸侯痛恨秦國也不是一天兩天的事。現在雖然秦軍在長平大敗趙軍，但我們軍隊也損傷過半，國內空虛。跨越這麼長距離去打別人的國都，如果趙軍在內做內應，外面由諸侯們圍攻，一定很快就打敗秦軍，這種情況下要我去替代王陵，可辦不到。」秦王親自來向白起下令，他也不肯；派范雎去請他出山，白起一樣不肯，白起接著便稱病不再理會軍隊之事。

秦王後來讓王齕去替代王陵，圍了邯鄲八九個月，都不能攻克。楚國派春申君和魏公子率領數十萬援兵來攻打秦軍，秦軍幾乎被滅。白起說：「秦王不聽我的分析，你看看今天這個局面又是如何！」秦王知道了很生氣，勉強起用白起，白起回說病太重，無法勝任。應侯去請他出山，他連起身也不起。白起便被罷官貶為士伍，流放到陰密去。白起生了病，去不了，過了三個月，諸侯攻打秦軍，情況危急，秦軍已撤退了好幾次，回來報告軍情的一天有好幾次。秦王氣得叫人把白起送走，讓他不要留在咸陽城中。白起啟程，才離開咸陽西門十里，到了杜郵。秦昭王跟應侯等群臣商議道：「流放白起，他看起來很不服氣，有話吞在肚子裡沒說出口。」於是派使者送白起一把劍，要他自殺。白起拿劍自殺前說：「我到底是因為哪件事得罪上天才淪落至此？」過了很久他又說：「我本就該死。長平之戰，趙卒投降的有幾十萬人，我詐騙他們把他們全坑殺了，光這點我就該死。」接著他就自殺了。（節錄翻譯自《史記·白起王翦列傳》）

【事件中的情報觀念探討】

中國的戰國時期，因為戰爭頻繁，軍事情報、外交情報、農業情報（某國的豐收歉收往往決定別國對它是守還是攻）、人才情報、君王和大臣的性格情報等，都成為蒐集的對象。當時，各國互派間諜，各種間諜活動也十分活絡。本篇敘述中國戰國時期，韓國、趙國對秦國可能採取軍事侵襲的惶恐，派出蘇代攜帶珍貴珠寶前往秦國遊說宰相范雎，以相關情報與時勢分析，離間秦國內部的君臣與同僚關係，讓范雎的建議影響秦王的決策並質疑白起提供的情報分析，使得韓國、趙國得以割讓城池，藉以免去戰禍，並導致後續秦國的戰事失利與大將白起的喪命，本篇即藉此說明情報與政策的連動關係。

國家制定戰略決策和政策的依據之一就是情報。國家決策者離不開情報。進一步說，任何國家的決策者作某種決策，特別是作重大的政治、軍事、經濟的戰略決策之前，在判斷形勢時，都是以情報作為依據的。一份內幕的、有價值的戰略情報，一旦被決策者採納並付諸行動，有時簡直勝過百萬雄師，達到重要的政治或軍事目的。

情報與政策之間的關係是現代政府組成的重要成分之一。決策者需要情報人員所提供的國際趨勢、盟友或敵人的意圖與能力、以及避免災難的情報數據報告，而情報管理者和分析人員也會研究支持政府相關政策存在的理由。情報界的存在是為了提供決策者所需的訊息和分析，以制定有效的公共政策。亦即政策的制定仰賴情報的有效運用，而情報運用的概念主要指政策面在政策制定過程中對於情報的態度，包括不同程度的情報與政策的互動關係。情報過程的良窳會影響政策或戰爭的成敗，因此，政策能否善用情報，即為勝負的關鍵。然而，在情報與決策的互動關係上存在著諸多問題，最眾所皆知的就是所謂的情報政治化——決策者向情報分析人員或其管理者施壓，以獲取支持當前政治偏好或政策的情報評估。

情報分析的工作必須要去糾正、防範此現象的發生，避免迎合政策階層的政治目的，失去情報工作客觀的角色功能。此外，政策階層常不滿情報分析未能降低、反而增加政策制定選擇的不確定性（uncertainty），削弱政策的支持基礎，甚至情報分析與政策直接衝突。也因為這樣，部分情報分析便未受重視，決策階層亦僅視其為眾多政策訊息之一。由於情報分析本質無法達到確定（certain）的情報研判結論，加上文字的刻意模糊、時效性（timeliness）與時機性（timing）的配合掌握、雙方信任關係等因素摻雜在內，更使得政策階層難以聆聽。這樣的情報與政策的互動關係，相當程度地影響情報分析與決策過程，同時，也制約了情報的品質（quality of product）。

為了避免情報與政策的互動關係影響情報的成敗，在情報與政策的關係上，有兩項理論模式規範彼此間的互動。第一項模式著重於確保情報人員在提供訊息上的獨立性。肯特（Sherman Kent）指出將情報與政策加以分離，對生產有效情報成品十分重要。另一項運行模式則是由一九八〇年代中期的中央情報主任（Director of Central Intelligence, DCI）蓋茲（Robert M. Gates）所提出，他認為情報必須提供決策者「可操作」、立即且可直接利用的訊息。而為了達此目的，分析人員和決策者必須保持密切的關係，以確保情報符合每天的重要政策。

肯特所提倡的情報政策關係是基於有效的情報就是獨立的情報前提，但分析人員仍必須與當前決策和決策者之間保持距離，以防止其報告受到這些客戶喜好的影響。在肯特的觀點中，情報管理者和分析人員在設定情報要求和完成情報產品的計畫生產上都應具有完全的自主權。情報界本身就是獨立自主的機構，分析人員和情報管理者必須避免捲入政治以及公開或私下對現行政策和政治問題進行評論。而避免情報政治化的最好方式，就是保持兩者之間的距離及迴避。

至於蓋茲所主張的模式是在其擔任中央情報局副主任時，因情報無法滿足政府官員的具體要求，官員對中情局分析人員所提供的分析感到不滿，促成了「可操作情報」觀念的誕生。可操作情報的核心假設就是分析人員必須瞭解決策者的需求，情報管理者有義務監督分析人員，使其生產對客戶有用的情報。以此角度來看，決策者已經對自身的需求有了具體的想法，由情報界提供可以幫助決策者實施政策的情報。若情報人員未能認知其政治和政策的現實面，則其所生產的分析就必須承受被忽略的風險。

不過上述二種模式在現今電腦網際網路普及所造成的訊息革命下，已產生了變動與挑戰。例如肯特模式裡所假設的互動界限是由情報管理者或情報評估過程所提供，但這種預設卻完全遭到訊息革命的瓦解。政策制定者和其工作人員現在已經可以輕鬆地直接與分析人員進行溝通。分析人員愈來愈難堅持自己迴避政治或政策的立場。此外，由於決策者與分析人員之間的非正式互動頻率增加，造成決策者對分析人員的影響加大，也對蓋茲模式裡所謂的生產可操作情報，造成負面影響。這種訊息革命為情報分析人員和政府官員提供了更多的意見交換機會，卻也讓分析人員愈來愈難維持其工作重點。

學者維茲（James J. Wirtz）對此指出：欲在情報與政策的互動關係中，取得適當的獨立與平衡仍是相當困難，情報與政策之間的互動亦沒有所謂的最佳做法。二者間的適當平衡將同時取決於外部和內部因素。對外，必須因應不斷變化的環境威脅和問題。對內，則必須透過新的訊息處理能力，以及分析人員和決策者實際運用的相互結合，在情報與政策的關係間創造新的互動模式。此外，如情報欲針對特定目標進行蒐集分析，並滿足決策者的需求時，情報管理者與決策者之間必須擁有良好的溝通。而當情報官員的判斷與政策傾向的官員不合時，情報官員亦必須為此提出意見，雖然這並不容易。但面對提供「真相力量」的挑戰。情報必須是坦率的底線，儘管可能會為自身的地位帶來危險。

因此，在情報與政策的互動關係上，政策必須避免操縱情報，並提供情報界明確與適當的情報需求指示。情報界則必須針對需求進行情報活動，並在不受政策扭曲、濫用的前提下，配合運用新的情報處理技術能力，妥適連結平衡情報與政策的互動關係，才能發揮情報的最佳效能。

柒、情報決策的危險性
——《史記．田單列傳》

【《史記．田單列傳》中的諜報事件】

田單是齊國田氏王族的遠房本家。齊湣王時期，田單擔任首都臨淄管理市場的小官，並不被齊王重用。後來燕國派遣大將樂毅攻破齊國，齊湣王被迫從都城逃亡，沒多久退守到莒城。燕國軍隊長驅直入到齊國心臟地帶時，田單也離開都城，逃到安平，當下他先讓族人把車軸兩端的突出部位全部鋸下，安上鐵箍。不久，燕軍攻打安平，城池被攻破，齊國人爭相逃亡，所乘的車子都因為相撞，使得車軸斷裂而被燕軍俘虜。只有田單族人因用鐵箍包住了車軸，才得以逃脫，向東退守到即墨。這時，燕國軍隊已經攻下齊國各城，只剩莒和即墨兩城未被攻下。燕軍聽說齊湣王在莒城，就調集軍隊全力攻打。

大臣淖齒於是殺死齊湣王，堅守城池來對抗燕軍，燕軍幾年下來都無法攻破該城。迫不得已，燕將帶兵往東，圍攻即墨。即墨大夫出城迎戰，戰敗被殺。即墨城中軍民於是推舉田單當首領，他們說：「安平那一仗，田單族人就是因為用鐵箍包住車軸這方法才得以安然脫險，可見田單很懂得軍事。」於是大家就擁立田單為將軍，堅守即墨，對抗燕軍。

沒多久燕昭王去世，燕惠王登位，燕惠王本來和樂毅就有些不和。田單知道這消息之後，就派人到燕國去行使反間計，到處聲張說：「齊湣王已被殺死，沒被攻克的齊國城池只不過兩座而已。樂毅是害怕被殺而不敢回國，才以討伐齊國為名滯留國外，實際上他是想和齊國剩餘的兵力結合，在齊國稱王。只因為齊國人心還未歸附，因此暫且拖延時間，在攻打即墨這件事上也就不急，就是為了等待時機再稱王的原故。所以齊國人實際上擔心的是其他燕將來帶兵，如此即墨城就必破無疑。」沒想到燕惠王輕信了這些話，於是派大將騎劫去取代樂毅。……

田單再從城裡徵集了一千多頭牛，給牠們披上大紅綢絹製成的被服，畫上五顏六色的蛟龍圖案，牛角再綁上鋒利的刀子，並將沾飽油脂的蘆葦綁在牛尾上。在末端上點火後，又把城牆鑿開幾十個洞穴，趁夜間把點燃尾巴的牛全從洞穴中趕出去，還派了精壯的士兵五千人嘴咬著枚，跟在火牛的後面。由於尾巴被燒得熱痛，火牛都狂怒地直奔燕軍，這一切都在夜裡突然發生，燕軍一時反應不過來，驚慌失措。牛尾上的火將夜間照得通明如晝，燕軍看到火牛身上都是龍紋，牛角所觸碰到的人非死即傷。五千壯士又隨後悄然無聲地殺來，即墨城裡的人也乘機敲鼓吶喊，緊跟在後，甚至連老弱婦孺都手持銅器，敲得震天價響，和城外的吶喊聲合成一股驚天動地的聲浪。燕軍聽了看了非常害怕，大敗而逃。齊國人在亂軍之中殺死了燕國的主將騎劫。燕軍紛亂，潰散逃命，齊軍緊緊追擊潰逃的敵軍，所經過的齊國城池都背叛燕軍，歸順田單。田單的兵力日益增多，乘著戰勝的軍威，一路追擊。燕軍倉皇而逃，戰鬥力一天天削弱，一直退到了黃河邊上，原來屬於齊國的七十多座城池又都被收復。於是田單到莒城迎回齊襄王，襄王也就回到都城臨淄，重理國事。（節錄翻譯自《史記．田單列傳》）

【事件中的情報觀念探討】

西元前二八四年，燕昭王聯合秦、魏、韓、趙等國攻齊，任樂毅為上將軍，統帥五國之兵在不到半年的時間裡，就連克齊國七十餘座城池，使齊國只剩下莒和即墨兩座孤城。莒人立齊閔王的兒子法章為襄王，極力為保住這兩座城池而奮戰。樂毅是當時揚名各國的武將，賢而善兵，深得燕昭王的信任。齊國即墨守將田單於是派間諜潛入燕國，製造謠言說：「樂毅智謀過人……欲在齊國南面而王」，不過燕昭王仍然非常信任樂毅。

燕昭王逝世後，太子即位，是為燕惠王。田單再次派間諜入燕傳佈流言說：「齊人最怕的就是換別的將領來攻即墨，那樣即墨必破無疑。」謠言傳到燕惠王那裡，他信以為真，就派騎劫代替了樂毅。田單前後兩次離間樂毅與燕王的關係，燕昭王不信，而燕惠王相信了，撤換了樂毅，導致丟失了好不容易攻下的城池。可見國君一定要有清醒的頭腦可以識見，不然有能力的將帥都將遠離。

本篇除了敘述田單的智勇雙全外，也在說明燕惠王誤信間諜散佈的假情報，中了田單的離間計，導致原本佔盡優勢的軍事行動失敗。所謂情報是決策的基礎，沒有情報的政策是盲目的，情報對決策的重要性不言而喻。情報與決策成敗的關係密切，然而決策卻也可能造成情報的失誤。除了決策階層誤信假情報外，經常發生的狀況是決策者未對情報提出的示警採取適當的處置。

在探討情報失敗的決策者因素之前，先說明「情報失敗」的概念。學者羅文梭（Mark Lowenthal）將情報失敗的概念界定為：「情報過程（蒐集、分析、產製與分送等各成分）其中一個或數個階段功能不彰，無法對攸關國家安全利益的事務與議題提出及時與正確的情報。」這種定義係將情報失敗侷限在情報體系組織內情報過程之中所產生的失誤，目的在區分失敗的責任歸屬。換句話說，若是情報過程之規劃不當、蒐集不力、分析不良或產製分送不佳而無法滿足決策者需求，情報界必須承擔失敗的責任，倘若情報過程並無失誤，縱有情報不足或不良問題，亦不能歸責於「情報失敗」。

事實上，由於情報所面對的工作環境充滿不確定因素（uncertainty），國家利益的界定及優先順序並非具體明確，致使情報界不易產製出令政策面滿意的情報成果。此外，政策面的認知偏見、政治議程與利益衝突等因素也會影響政策與情報間應有的互動關係；倘若情報不能「投其所好、順其所意」，政策面往往會批評情報功能不彰，並將不利的後果歸罪於情報界。因此，情報失敗的概念便由情報過程中的失誤擴及政策與情報界的不良互動關係所導致的政策失敗方面。

因此，當情報機關未能預判與國家利益攸關之重大政治、經濟、軍事或社會變動，或對情報研判錯誤而誤導政策方向或錯過行動契機，均可歸類為情報失敗。故以廣義的角度而言，情報失敗包含情報過程的失誤，以及肇因於決策的因素。

至於所謂的「情報決策失敗」，學者卡恩（David Kahn）指出：情報界臨了兩個永遠無法解決的問題，但仍必須思考找出解決的方法。第一個問題是如何預知未來將會發生的事情，其目標就是預測一切。現今的預測比起以往已有長足的進步，此乃由於情報工具、技術的發展，但並非每件事情都可提前預知。另一個情報的基本問題是：如何讓決策者接受他們不喜歡的訊息，這個問題可能就是所謂的「卡桑德拉情結（Cassandra complex）」。

德國在第一次世界大戰時的首席參謀——施利芬伯爵元帥（Field Marshal Count Alfred von Schlieffen）曾言：「高級指揮官通常會讓自身同時成為自己的朋友和敵人，將自己的個人意願變成情勢的主要內容。如果收到的報告顯示與其意願相符，他們便會滿意地接受。然而，如果報告與其意願相違背，他們便會將此視同完全錯誤。」因此，如果面對事實的後果太痛苦，這些情報或證據將會被忽略、壓抑、甚至否認。

對此，學者貝茲（Richard K. Betts）認為，在大多數的戰爭攻擊預測或情報評估的失誤上，未能妥適利用關鍵數據，或官僚所產生的弱點，都是造成失敗的直接原因。大多數情況下，最基本的錯誤就是決策者一廂情願的想法，鄙棄專業人士的分析，以及最重要的——決策者的假設和先入為主的觀念。因此，情報失敗較少發生在陳述事實的階段，反而是決策者必須受到較多的批判，此乃由於決策的觀點往往欠缺客觀性，故而無法正確地使用情報。

學者強生（Loch K. Johnson）亦指出：「在情報管道的最後，政策決定者在情報失誤裡往往必須比情報機構負起更多的責任。」決策者在這最後階段，有時會因個人的意識形態或政治偏見而反對或拒絕他們不喜歡的訊息，且不會對重要的情報評估採取行動。因為他們可能有太多的考量，或是因為忙碌、自大而不讀取情報報告。故而對權力說明真相將非常困難，因為他們往往選擇拒絕建言。此外，學者貝茲（Richard K. Betts）亦提到：在許多知名的情報失誤案例當中，很少起因於收集者的原始訊息，也僅偶爾是因為專業的成品分析，大部分都是由消費情報服務產品的決策者所造成。

歷史上著名的幾個情報失敗案為例：一九四一年希特勒發動奇襲進攻蘇俄、一九四一年日軍偷襲珍珠港事件、一九五〇年韓戰、一九六一年古巴豬灣行動、一九五四年瓜地馬拉秘密行動、一九六二年中印邊界戰爭、一九七三年十月以埃贖罪日戰爭、一九八二年英阿福克蘭戰爭等，均顯示出情報決策失敗的狀況。如因決策者的認知偏見與「鏡射影像」（mirror-imaging）認知習慣，使得資訊理解遭受扭曲。或因決策成員不良互動而產生的「集體迷思」（groupthink）現象，惡化決策過程資訊處理的品質，扭曲成員心智活動結果，降低決策因應問題的能力。或者因為「過度信心」及選擇性運用情報的結果，使得決策面未重視行動可能產生的困難等，導致情報運用的失敗。

另外如二〇〇一年發生在美國的九一一恐怖攻擊事件，早在一九九五年（九一一事件六年前），中央情報局（CIA）已對當時的柯林頓（Bill Clinton）總統提出「空中恐怖主義」可能發生的警告，即飛機可能被恐怖分子使用作為摧毀美國或國外的摩天大樓的工具。但監視或檢查在美國接受飛行訓練人員的建議，並未受到決策者的重視。在恐怖攻擊事件發生後，針對九一一事件的調查發現，提供給總統的每日簡報（The President's Daily Brief, PDB）曾在二〇〇一年八月六日寫道，恐怖分子可能使用商業飛機作為巡弋飛彈，攻擊美國境內的商業或政府建築物。可是總統和高級官員忽略了這項警告。此外，在二〇〇三年由美國發起的入侵伊拉克（Iraq）行動，其中對於伊拉克大規模毀滅性武器的評估，亦暴露出嚴重的情報政治化的問題，導致美、英等國採取過度軍事反應，嚴重影響國際局勢。

情報活動的成功需藉由情報過程如蒐集、分析、產製與分送等各階段的密切配合方可發揮成效，但如「情報運用」即「決策」階段未採納接受情報建言或產生失誤，將導致政策或危機處理的嚴重失敗，故而決策對於情報能否充分發揮功能，避免產生情報失敗，至為重要。

捌、情報蒐集的多源性
——《宋史．列傳第三十五》、《西夏紀》

【《宋史．列傳第三十五》中的諜報事件】

樊知古……考了幾次科舉都沒中，於是想要北上投靠宋國，他先在采石磯上佯裝釣魚，釣了好幾個月，其實他做的事是乘著小舟，用絲繩綁著南岸，再迅速地划向北岸，用這種方法來量江水的廣狹等水文條件。開寶三年，樊知古至宋國朝廷上書，說明江南可以如何攻取，希望能獲得晉用。宋太祖下令送他至學士院測試，賜給本科及第，分派到舒州擔任軍事推官。

……開寶七年，樊知古官拜太子右贊善大夫。與宋軍一同南征南唐，由樊知古擔任嚮導，順利地攻下池州。開寶八年，樊知古出任池州知州，剛擔任知州時，一些州民根據險要之地成為寇賊，樊知古剿匪，連拔了三座賊寨，還抓了賊頭獻給朝廷，剩下的寇賊就潰散了。之後樊知古建議池州穩定了就該南征，太祖任命能臣全振前往湖南建造黑龍船，再用黑龍船載著巨大的竹篾粗索沿江水南下，交給八作使郝守濬等人率領勞役和工匠製成浮橋。但有人認為下游江水湍急，恐怕不是築浮橋的好地方，於是先在石碑口這裡試造，再移到采石，沒想到三天就造好，一吋一毫都不差，於是依樊知古的建議出兵南唐。（節錄翻譯自《宋史．列傳第三十五》）

【《西夏紀》中的諜報事件】

……稍前，宋國皇帝將宮中年老的宮女二百七十名都放歸家鄉，讓他們想去哪就去哪。李元昊偷偷地讓人用重金買了幾個老宮女回來，將他們安置在左右。因此宋國朝廷和宮禁之中外人不知道的事，再小的事，李元昊全都曉得。

……宋仁宗寶元元年，也就是西夏稱天授禮法延祚元年的正月，西夏來表，希望能到五台山供佛。李元昊之前派人進出中國，已經很熟悉邊疆大臣的行政機宜和對外國事務的應對方式，於是進而想到要攻下河東。當時為了知道進兵的路線，才會想到上表要

求宋國同意他到五台山供佛，還要求宋國派使臣導引保護，並提供食宿。宋帝之後竟然同意了他們的請求。（節錄翻譯自《西夏紀》）

【事件中的情報觀念探討】

本篇的第一個案例，敘述江南失意文人樊知古圖謀投宋，他整日坐小船在當塗采石磯附近水面垂釣。其實他是醉翁之意不在酒，暗地裡在測量長江水文資料，以作為投宋的籌碼。他把暗藏在小船上的絲線一頭繫在長江南岸，然後向北划船。如此往復數十次，終於摸清了長江寬度、深淺等水文情況。然後潛往北宋，建議趙匡胤修造浮橋以渡大軍。並以此蒐集所得的情報，發揮了軍事上的效用。

第二個案例則是敘述西夏皇帝李元昊在建國前對北宋進行大規模的間諜活動。當時宋朝常把一些年長的宮女放出宮去，讓她們自謀生路。李元昊就派人以重金納之，放在身邊，向他們詢問北宋的宮廷秘事。透過這些情報，李元昊逐漸瞭解了宋朝的朝廷機密、軍事力量和對外關係，並掌握了北宋對自己的態度。此外，李元昊藉著前往五台山拜佛的理由上奏宋朝，請求通行，實際上沿途蒐集河東一帶地形和宋軍防務。可見，李元昊在稱帝之前對北宋所進行的間諜活動包括經濟、外交、宗教等途徑。

本篇藉此二案例說明情報蒐集的方法。在說明情報蒐集之前，先簡要敘述「情報循環」的過程。根據學者強生（Loch K. Johnson）和維茲（James Wirtz）指出，專業的情報人員往往將其訊息蒐集和分析的主要任務比喻為「情報循環」。中央情報局（CIA）將此循環定義為「訊息獲取、轉換為情報，然後提供給政策制定者的過程」。循環的第一的階段是規劃和方向，也就是確定需要蒐集的訊息類別，哪些機構需要執行這些蒐集，以及應該運用何種方式進行蒐集。一旦這些規劃和方向決定之後，這些獲得的訊息開始進行處理。這種處理步驟包含了將外國語言資料翻譯成英文，或是將衛星或所拍攝的照片放大。一旦分析人員能夠運用這些資料，就能從中獲得有意義的訊息，洞察這些「原始」數據，這就稱為分析（或是所謂的評估）。最後，評估的訊息必須傳交於給政策官員。而這些訊息必須是準確、沒有偏見、攸關於時事的問題。情報循環的目的是提供決策者有益的知識，以便協助其決策選擇權衡。情報循環的過程包括：規劃和方向（Planning and Direction）、蒐集（Collection）、運作（Processing）、分析和產製（Analysis and Production）、分送（Dissemination），如有新的需求，再啟動另一個新的情報循環。

本篇敘述的情報蒐集，即為情報循環過程中相當重要的一個階段。至於情報資料蒐集的方法，可以分為「秘密的」與「公開的」兩種，但無論秘密或公開，均不能顯露其目的或動機，然則所謂秘密手段與公開手段的區別何在？詳言之，情報人員以任何可掩護的身分，以公開的不加隱蔽的態度，取得情報資料者，為公開蒐集。於此，本書之後的單元有詳細說明。反之，情報人員於無人覺知（尤其不能使對方覺知）的情形下獲得其資料，即以隱蔽的或間接的方式與態度，觸及其對象者，為秘密的蒐集。一般的情報蒐集包括了公開的蒐集與秘密的蒐集。所謂公開的蒐集，一般是以合法的手段去進行的。例如：使館武官的旅行觀察、新聞記者公開採訪、以及利用觀光旅行、學術研究、商業活動等方式來蒐集各種資料等。所謂秘密蒐集，就是以隱蔽的手段去取得目的所需的資料。例如：收買內間、竊閱、竊取、竊聽等方式均是。

情報蒐集的方法可歸類為八類：

第一類、文書研究

利用敵方公開的資料，如報紙、雜誌、年鑑、圖片、電話簿及公告文件等以蒐集情報資料。一般情報機構大部分是以這種方法來達成它的目的。鄭介民將軍曾經指出：一位優秀的有經驗的情報員，他只須具備一把剪刀、一瓶膠水、一枝紅藍鉛筆，便可獲得他所需要的情報。法拉哥也說過，據估計有百分之九十的情報是在公開資料中選擇出來的。另據第二次世界大戰時美國海軍情報次長澤查理亞海軍上將宣稱：海軍情報平時有百分之九十五係從合法的方式中得來，百分之四係從半公開的來源中獲得，只有百分之一才是使用諜報手段所獲取。

第二類、人員蒐集

人員蒐集是取得情報的一種最基本也是最重要的方法，儘管現在已有太空衛星能透視地面上的敵人一切活動，但有許多工作，特別是竊取敵人的機密情報和研判敵人的詭秘企圖，仍然是要依靠人員去達成。法拉哥對於蒐集情報的人員，把他們分為專業性的與業餘性的兩類，他認為無論由那一類人去擔任情報蒐集工作，均必須具有某種特性：智力、勇氣、遠見、冒險精神、判斷力和決心，才能夠在智慧之戰中有取勝的機會。人員情報蒐集通常涉及到兩類人：一是受僱於情報機構的情報官員，二是向情報官員提供訊息的線人，他們提供的情報由情報官員傳遞到總部。情報官員有時又稱為「控制者」，他們與線人保持聯絡，傳達總部的指令，提供必需的資源，如複製設備或通信設備，保證訊息管道的持續暢通。

第三類、公開調查

利用公開的身分，如政府代表、使館武官、新聞記者、作家、旅行家及商業人員等，作公開的觀察刺探，以達到蒐集情報的目的，在今天的情報抗爭中已是常見之事。例如本篇主角偽裝漁夫，釣於采石磯上，以小舟絲繩測量長江廣狹深淺，而使宋軍得以參考後渡江進攻。不過，公開調查雖在行動上較為方便，頗能收到工作效果，但因在敵方監視之下進行，對於深入的或隱蔽的調查則較難達到目的。

第四類、合作交換

現代戰爭的形勢，往往走向「全面戰爭」的途徑，第一次世界大戰和第二次世界大戰固然如此，但較小規模的有限戰爭如韓戰與越戰以及中東戰爭，也都不是一個國家和另一個國家作戰，而是雙方面各有許多相關的國家加入，甚至第三次世界大戰不幸發生，也必然是這種方式。因此，與有關盟國採取合作方式，以交換戰爭情報，來抵抗共同敵人，便成為不可或缺的作法。此種國際間的情報合作交換，必須以雙方的共同要求與利益為出發點，並須取得兩國政府最高當局的批准，方能實施。

第五類、訪問審訊

難民與戰俘常常成為供應情報的最佳來源，故應對此等份子作有計畫的訪問或審訊。難民包括脫險歸來難民與被敵遣回難民兩種，因其多由戰區逃來，故對當前戰地情況有較清晰的瞭解。例如第二次世界大戰時，美國為了要明瞭北非戰場情況，特地成立一個「口述情報組」，遴選一批具有良好法語基礎的人員，在港口碼頭上訪問從北非逃到美國的難民們，蒐集了很多寶貴的情報資料。但對較為深入的軍事情況，則因難民素質、機會等因素所限，不易獲得有價值的情報資料。故在訪問難民時須有耐心及對難民心理有所瞭解。至於俘虜，包括戰俘及我方人員被敵俘虜而逃回之人員在內，從情報角度來看，均為有價值的情報來源。

一般言之，戰俘可以提供下列各項情報資料：

（一）敵方兵力、番號、裝備等狀況（包括新兵器情報）。

（二）敵軍訓練狀況、戰鬥技術、士氣及營養狀況。

（三）敵軍補給運輸狀況、動員能力、傷病情形。

（四）敵方民心狀況及生活情形。
（五）敵陣地工事構築及配備狀況。
（六）敵方各級指揮官姓名、歷史、能力及其特點。
（七）敵人目前的可能行動與企圖，及其所具之弱點。
（八）敵軍明瞭我軍狀況之程度（此項易為一般所忽略，但在情報觀點上，甚為重要）。
（九）敵方反情報措施狀況。

第六類、儀器監測

使用科學儀器以監測敵人情況，為現代情報工作的特點，惟儀器的使用仍須操之於情報人員手中。例如：使用無線電偵監器可以偵測敵方潛伏電臺之所在。又如：為了要刺探敵方會議或談話的秘密，可以在目標場所裝置電話監聽器，以明瞭敵人的企圖。這種電話監聽器的形式甚多，有的如小型麥克風，可以裝置敵方會議室、臥室、辦公室等處的天花板上、電燈內、水管內或花盆飾物之內。

第七類、空中偵照

空中偵照的目的有二，一是窺察地面敵軍行動，一是偵測敵軍各種工事構築與戰備設施。例如一九六二年蘇俄在古巴部署了射程達一千五百哩的洲際飛彈多枚，對於美國造成了直接威脅。美國情報機構所蒐集的情報顯示蘇俄已經有洲際飛彈四百枚，力量超越美國之上，美國政府不敢抗議。但後來甘迺迪（John F. Kennedy）總統從太空偵察衛星所得的情報中得知蘇聯僅有十多枚洲際飛彈，乃向蘇聯堅決要求將古巴飛彈撤出，甚而表示不惜挑起戰爭，終於使蘇聯懾伏，接受美國的要求。

第八類、通訊截取

竊聽和竊錄敵人的無線電報電話，亦為明瞭敵人動態及企圖的良好方法，這在一般的情報與諜報工作中，往往具有好極的效果。例如一九四三年四月美國海軍截獲日本高級指揮部的密電一件，透露日本聯合艦隊司令官山本五十六（Yamamoto Isoroku）大將將赴太平洋各佔領島嶼視察。因為山本為發動珍珠港事件的禍首元兇，最後經羅斯福（Franklin D. Roosevelt）總統決定予以截擊。一九四三年四月十八日上午九時四十三分，俟山本所乘座機抵達太平洋卡希黎港上空之際，美軍派遣三架戰鬥機將其擊落。

第六、七、八類合稱「技術情報蒐集」，這些技術大都涉及遠程圖像和對各種電磁波的截收，有時也可以利用其他現象（如聲學信號）。詳細說明如下：

（一）照相或圖像情報

顧名思義，就是用照相技術蒐集情報。它是利用遠程照相技術，獲取間諜不能直接接觸的遠方圖像等方面的情報。照相技術幾乎與航空技術同時產生，最初被用於空中偵察。

（二）信號情報

信號情報（sigint）是一個通用術語，是指對被截收的電磁波（信號）進行處理，以獲取情報的過程。根據截收電磁波類型，信號情報可以分為：

1. 通信情報（comint）：由非預定接收者截收外國通信信號（無線電訊息）而獲取的情報。

2. 遙測情報（telint）：透過截收、處理並分析外國遙測信號（測試裝置的機載遙感器發出的信號，用以描述測試裝置的飛行和工作特徵）而獲取的情報。

3. 電子情報（elint）：透過截收、處理並分析軍用設備（如雷達）工作時發出的非通信電磁輻射而獲取的情報。

學者張中勇指出，回顧情報蒐集的活動歷史，情報蒐集的途徑並無太大變化，仍以人員情報（Human Intelligence, HUMINT）及科技情報（Technical Intelligence, TECHINT）為主；改變的只是情報蒐集的能力（capabi1ity）高低而已。

玖、情報分析的謹慎性

——《呂氏春秋・慎大覽第三・貴因》

【《呂氏春秋・慎大覽第三・貴因》中的諜報事件】

周武王派人刺探殷商的動靜，探子回到岐周稟報說：「殷商即將要出亂子了。」武王說：「亂到怎樣的程度？」那人回答說。「邪惡的人勝過了忠良的人。」武王說：「還不是時候。」那人又去刺探，回來稟報說：「殷商混亂的程度變嚴重了。」武王說：「到了怎樣的程度？」那人回答說：「賢德的人都出逃了。」武王說：「還不是時候。」那人又去刺探，回來稟報說：「殷商亂得很！」武王說：「到了怎樣的程度？」那人回答說：「老百姓都不敢講怨恨不滿的話了。」武王失聲：「啊！」便趕快把這種情況告訴太公望，太公望回答說：「邪惡的人勝過了忠良的人，這叫做『暴虐』，賢德的人出逃，這叫做『崩敗』，老百姓不敢講怨恨不滿的話，這叫做『刑罰太苛刻』。殷商的混亂到達極點，這個混亂已經失控了。」於是精選三百輛戰車，勇士三千人，約定於甲子之日早上出兵，很快地商紂便手到擒來。（節錄翻譯自《呂氏春秋．慎大覽第三．貴因》）

【事件中的情報觀念探討】

西元前十一世紀中期，周武王帶領西方和南方各部落討伐商紂時，在姜太公呂尚的授意下運用間諜蒐集情報。在伐紂之前，周武王曾三次派間諜潛入商地，洞察商之國情，在間諜三次回報蒐集所得的情報之後，周朝分析研判伐紂的時機，並在姜太公的輔佐下，率兵出征，一舉攻克商的國都朝歌，滅了商朝。

本篇旨在說明情報分析的重要性。對於情報循環過程而言，情報分析是一項很重要的活動，分析者往往必須將不完整與相互衝突的資訊分析產製給予決策者。分析者必須是持續不斷地與情報消費者、決策者聯繫，正確地分析產製情報來滿足需要。此外，分析也是一種過程，將透過各種方式蒐集所得的零碎訊息轉化為決策者和軍事指揮官可用的形式，其結果即「情報產品」。情報產品有多種形式，如短小的備忘錄、詳細的正式報告、簡報，或以其它任何形式呈現的訊息。

有關情報分析的方法如下：

一、技術分析

技術分析包括：

（一）密碼分析。把看起來隨機排列的字母或數字轉化成某種語言的訊息文本。

（二）遙測分析。把無線電信號轉化為一組時間序列，以描述導彈或其它飛行器的運作狀況。

（三）圖像解讀。分析辨別和測量照片中的物體。

二、資料庫

情報機構要長時間持續進行的是匯集並維護大型情報資料庫，資料庫裡面包含大量對政府的外交和軍事政策有價值的訊息。工作內容包括檔案手冊、收納所有相關國家（可能將在這些國家開展軍事行動）的有價值的訊息，以提供制定軍事計畫時參考。如果這個國家是潛在的作戰區域，則它的軍事實力、運輸和軍事設施情況、軍事地理、政治情況、人口統計數據、工業和農業訊息，也都是軍事計畫制定人員所需要的資料。

情報分析在情報循環過程中十分重要，但情報分析人員所面對的最基本問題就是所有訊息的本質都是模糊的。由於我們無法感受周圍世界裡大部分原始資料的重要性、隱藏的意義，或其對未來的預警，僅能依賴分析人員將此訊息放置在正確的歷史背景、時事環境，或是適當的分析框架內，才能揭示其意義與重要性，進而讓決策者或高級軍官可以對此做出適當的回應。

然而，分析人員有時則會因缺乏適當的理論基礎或歷史背景，而無法確定其顯示的意義，或是缺乏未來事件的準確訊息，以及必須應付誤導或過多相關訊息的噪音效應。為了避免失誤，情報分析人員往往必須利用舊的訊息來預測未來。例如，運用一些在秘密會議中發生的事件資訊，來洞察遙遠未來可能發生的事。在某種意義上，分析人員必須運用以前的舊訊息與即將發生的事件進行比對，以爭取反應的時間。情報分析人員在情報競爭中總是擁有領先地位，但有時也會發生無法在事件發生前補足所有的訊息。

如果分析人員掌握了即將發生事件的明顯跡象，還是必須保持警覺，因為敵方或者使用「否認」（隱藏其真實意圖或操作）和「欺騙」（發佈與當前行動和意圖的錯誤訊息）以誤導分析人員。否認和欺騙擁有多種形式，讓分析人員失敗的最好方式就是讓偵察衛星或間諜無法偵測到正確的消息。或是情報目標偶爾會嘗試融入其周圍環境，以讓自身顯得無害，這是一種非常好的隱藏方法，因為情報機構缺乏對看似進行日常活動或良性行為的人員、組織或國家進行檢視的資源。

欺騙的形式也包含誇大一個國家或組織的能力，以避免遭受攻擊，或讓對手誤認為自身處於弱勢的軍事或外交立場，進而改變其政策。因此否認和欺騙就成為了分析人員的難題。當某件事情看起來過於簡單時，分析人員便會懷疑其是否為敵方偽裝的邪惡計畫。當事情過於平靜時，分析人員也會懷疑是否本身的情報蒐集系統無法有效預警潛在的危機。對情報分析人員而言，沒有任何新的訊息，或是敵方的行動按照計畫進行，都不見得一定是好消息。

更多時候，分析人員處理的是敵方不合邏輯或不合理行為。對此，分析人員較容易正確地預測敵方的行動，但此預測還是有可能發生錯誤。例如在古巴飛彈危機之前，美國中央情報局（CIA）的分析人員預估蘇聯應不會將攻擊型的導彈設置在古巴，因為這種行為將會引起美國的強力反彈，並產生適得其反的效果。雖然分析人員也承認蘇聯在古巴設置攻擊性導彈的可能性，但如以蘇聯的角度而言，此將會帶來過大的風險，中央情報局因而駁回了此項分析結果。

所以即使情報分析人員檢測出事件即將發生的訊號，他們往往還是會因為這些訊號過於可信，而採取或排除某些可能性。情報分析工作實為情報循環過程中最困難的任務。

拾、情報活動靠經濟

——《管子‧輕重戊》

【《管子‧輕重戊》中的諜報事件】

齊桓公說：「魯國、梁國對於我們齊國，就像田邊上的莊稼，蜂身上的尾螫，牙外面的嘴唇一樣。現在我想攻佔魯梁兩國，怎樣進行才好？」管仲回答說：「魯、梁兩國的百姓，從來以織綈為業。您就帶頭穿綿綈的衣服，令左右近臣也穿，百姓也就會跟著穿。您還要下令齊國不准織綈，必須仰賴魯、梁二國。這樣，魯梁二國就將放棄農業而去織綈了。」桓公說：「就這麼辦。」就在泰山之南做起綈服。十天做好就穿上了。管仲還對魯、梁二國的商人說：「你們給我販來綈一千匹，我給你們三百斤金；販來萬匹，給三千斤金。」這樣，魯、梁二國即使不向百姓徵稅，財用也充足了。魯、梁二國國君聽到這個消息，就要求他們的百姓不要務農而織綈。

十三個月以後，管仲派人到魯、梁探聽。兩國城市人口之多，使路上塵土飛揚，十步內都互相看不清楚，走路的足不舉踵，坐車的車輪相碰，騎馬的列隊而行。管仲說：「可以拿下魯、梁二國了。」桓公說：「該怎麼做？」管仲回答說：「您應當改穿帛料衣服。帶領百姓不再穿綈。還要封閉關卡，與魯、梁斷絕經濟往來。」桓公說：「就這麼做。」十個月後，管仲又派人探聽，看到魯梁的百姓都不斷地陷於饑餓，連朝廷平時一下子就能徵到的正常賦稅都交不起。兩國國君命令百姓停止織綈而務農，但糧食卻不能在三個月內就生產出來，魯、梁的百姓買糧每石要花上千錢，齊國糧價才每石十錢。兩年後，魯、梁的百姓有十分之六投奔齊國。三年後，魯、梁的國君也都歸順齊國了。

（節錄翻譯自《管子．輕重戊》）

【事件中的情報觀念探討】

春秋時代最先建立霸業的是齊桓公。他即位後，不計管仲曾助公子糾射殺自己的仇恨，拜其為國相。而管仲也在齊國崛起中運用間諜手段巧妙地兼併了鄰國——魯、梁。

當時，因齊國手工業發達，商業繁榮，各國商人均來齊國國都臨淄交易。魯、梁的紡織業非常發達，擁有大批技術嫻熱的工匠，所生產的絲織品綈質優且量大。於是，許多外國絲綢商人便離齊而奔向魯、梁，使得齊國紡織業大受損失。鑑於此種情況，管仲就派人潛入鄰國，到處散播齊國需要大量的綈並願出高價收購的流言。鄰國百姓聞訊後紛紛棄農從織，結果因舉國忙於織綈而誤了農時。齊國間諜將此情況回報後，管仲立即下令停止對綈的收購並不再對外販售糧食。最後，魯、梁生產的綈賣不出去，農業也沒有什麼收成，國內糧價猛漲。於是半數以上的人民為了生計便逃往糧價便宜的齊國。鄰國國君見此情形，只好無奈地歸附齊國。就是這樣，管仲僅以「兵不血刃」的用間謀略就達成了兼併鄰國的戰略目的。

本篇旨在說明秘密行動所運用的經濟手段，由於其為秘密行動的一種運用方式，在敘述經濟秘密行動之前，先就「秘密行動」的意義與概念加以說明。學者張中勇認為，所謂狹義的情報運用，係指情報蒐集、分析研判、製作成為情報產品，再轉送相關政策面運用（以及情報的評估），此也是情報的目的。然而，廣義的情報運用，也就是充分運用情報並做為國家（對外）政策工具選擇之一（如秘密行動（Covert Action）及反情報（Counterintelligence）），進行所謂的情報作戰以遂國家目標並促進利益，則應是情報的另一重要目的與角色。秘密行動即為情報及其活動的另一面向。情報活動之秘密行動的歷史源起甚早。概凡秘密運用金錢、物質、婚姻、關係等做為影響他方（人物或國家）而增進己方利益，且儘量不暴露己方介入角色之活動，以及運用其它介於武力（軍事力量）與外交（正面談判接觸）途徑之間的選擇（如「準軍事行動」（Paramilitary Operation）、宣傳、暗殺（已廣受爭議而遭明確禁止）等，促使情勢發展有利己方利益之作為，皆與秘密行動的概念相符。

然而，（情報）秘密行動做為國家政策工具而引起世人注意與爭議，應起自二次世界大戰（一九四七年）後美俄冷戰時期。中央情報局（ＣＩＡ）繼戰時之戰略情報局（ＯＳＳ）活動經驗而成為美國政府對抗蘇聯全球擴張行動之政策運用，秘密行動則為「第三選擇」（Third Option）——介於外交（國務院）與公開衝突（國防部），或是「第四武力」（Fourth Arm）——傳統三軍種外之另一武力。事實上，從戰後杜魯門（Harry S. Truman）總統迄雷根（Ronald W. Reagan）、甚至布希（George H. W. Bush）政府，秘密行動一直是美國行政部門所重視的政策面工具。美國如此，其它主要國家亦不例外。

秘密行動的本質上係一「靜聲的選擇」（Quiet Option），強調避開世界及對方的注意力，力圖隱匿己方角色，並使用正規軍事行動及傳統外交接觸以外之途徑，影響或左右對方情勢以符合己方利益。同時，它可與國家對外政策配合運用，增進國家利益。值得注意的是，秘密行動通常不包括情報蒐集與產製任務。易言之，秘密行動是諜報（Espionage）以外的情報行動選擇。因此可將秘密行動的概念界定為：

一、秘密行動的目的應在配合國家政策目標並促進國家利益。

二、秘密行動的屬性是為國家政策運用與執行之工具選擇。

三、秘密行動的取向應多為外向、對外的，極少在國內進行。

四、秘密行動的途徑係介於軍事與外交之間的選擇。

秘密行動應是國際體系內國家成員的行為模式之一，而其活動內涵則與傳統（外交、軍事）途徑有別，但目的則一。然而，秘密行動仍有其爭議。此爭議主要係因為各類型之秘密行動的本質（道德問題、秘密色彩、不易監督等問題）以及其行動目的所欲達成之政策（是否合適、合乎國際法及相關規範等），另外，秘密行動是否容易「自行其是」、「回銷國內」而有失去控制及侵犯人權之虞，皆使得該項行動蒙上爭議色彩。

首先，秘密行動由於多使用非傳統政策工具。例如，心理戰、準軍事武力（游擊戰）、各式（黑、灰、白）宣傳政策、收買、賄賂（金錢與異性關係、其它事物）、甚至暗殺而不易為非戰爭、和平時期（如六〇、七〇年代之美國）社會輿論與道德實踐所接受。另外，隨國際互動型態轉變（對立轉為合作、衝突化為和平之趨勢）、國家行為漸受國內政治重視與影響，以及情報活動必須接受民意監督並負起政治、行政及法律責任等因素，使得秘密行動在失去時代背景意義之後，其所內涵之特性與相關問題即躍然出現，衍生出相關伴隨爭議。

其次，秘密行動的政策目的本身是否合乎國家利益或僅為政客服務（滿足特定政策目標），往往影響秘密行動成敗；而一旦失敗，則將引發各方（國會、社會輿論、國際社會等）對於進行是項行動之情報組織功能、運作成效與角色定位等問題的批評及要求檢討，首當其衝則是秘密行動角色是否合宜的問題。易言之，秘密行動應僅為政策工具，其行動結果當然決定政策成敗，然而，政策目的本身是否合適（Proper）、爭議性是否高低皆直接影響秘密行動的任務結局（Outcome），因而，秘密行動與政策的爭議性相關程度便十分密切。

第三，由於秘密行動的工具性角色屬於「灰色」（Gray）地帶，乃逐漸成為具爭議性話題。易言之，即如何建立對此類秘密（情報）行動之監督途徑（行政、國會、司法或社會輿論等）乃成為當前情報監督（Intelligence Oversight）話題的重要核心。其次，如何重新定位、區劃秘密行動成分（如由國防部接管「準軍事行動」、國務院負責「對外援助」等之相關討論話題）也是引發爭議性的來源。

最後，秘密行動若以國內為其活動範圍，將直接影響國家憲法及相關法令對於人民基本權利的保障，容易造成國家權力濫用與逾越法令規範。而若政策面（政黨、政客）運用秘密行動促進本身利益（如影響選舉結果），更將導致更大的爭議或批評。這也是當前各國民意機構所全力注意與監督的重點。

要言之，由於秘密行動的本質（秘密性、手段選擇、道德標準等等）及其政策工具特性（行政部門掌控工具），加以國際環境因素（互動型態改變等）及國內社會條件的變化（有責性制度之建立、權利保障觀念之提昇、個人權益認知之增強等），形成秘密行動甚至整個情報活動受到爭議。同時，論者雖多能同意秘密行動對於國家政策目標及國家利益有其必要性，但卻對秘密行動的類型及運作途徑有不同的看法。

學者張殿清則將秘密行動稱為「隱蔽行動」。隱蔽行動又稱「秘密政治活動」，指間諜情報機關秉承本國政府旨意所策劃和實施的以干涉他國內政、陰謀推翻他國政權的政治顛覆、武力侵佔、心戰和恐怖破壞等活動。管子所使用的經濟手段即屬於這個範疇。在現代國際間諜戰中，間諜活動的內容和範圍不斷擴展，已遠遠超出了傳統的領域。特別是對外懷有擴張野心和霸權欲望的超級大國，它們常常透過自己的間諜情報機闕進行隱蔽行動，藉以達到控制、操縱別國的目的。

以美國為例，美國情報專家們對美國隱蔽行動「八大方式」的註解，較全面地反映和概括了隱蔽行動的主要內容。分別是：

一、秘密支援親美國家的政府，予以經濟、軍事、技術等援助。

二、暗地支援某個國家內部親美勢力或團體反對政府，奪取政權。

三、秘密派遣行動人員指揮、組織和參與某些國家的政變叛亂活動。

四、幕後操縱選舉，設法破壞敵視美方的人物、黨派的聲譽，透過施加壓力、賄賂選票等不正當手段讓合意稱心的代理人在選舉中獲勝。

五、採取政治性暗殺、綁架等恐怖手段在他國排除異己分子。

六、實施反對某國現任政權、擾亂民心、煽動內亂的心戰宣傳活動。

七、策劃對對象國重要目標或設施的破壞。

八、糾集僱傭軍或動用特種部隊直接武裝入侵。

秘密行動做為廣義的情報運用之實踐，有其數種不同之類型及其運作途徑；一般而言，約可分為四類：宣傳、政治、經濟及準軍事行動，其目的均在影響對方政治及對外政策。本篇內容所指即為經濟（秘密）行動（Economic（covert）Action），經濟行動偏重經濟手段的運用，擾亂對方經濟，達到政策面運用情報（秘密行動）活動之政策目的。例如，偽造對方貨幣、擾亂金融秩序、破壞能源生產能力、干擾對方大宗出口產品之市場價格、減少收入、控制並改變對方降雨量（氣象戰）、利用昆蟲細菌破壞糧食生產、污染土壤、港口佈雷（美國雷根總統即曾在尼加拉瓜佈雷）等。經濟行動的破壞能力與性質，常接近戰爭邊緣而不易維持秘密。總之，如果政治行動之目的在影響政策取向，則經濟行動之任務在於打擊對方，從而迫其改變政策。美國在六〇、七〇年代便對古巴、越南有相當多之經濟（秘密）行動。

另一個經濟秘密行動的案例是美國為了破壞阿連德（Salvador Guillermo）在智利競選總統，中央情報局（ＣＩＡ）提供財政支持，在智利鼓動罷工行動，尤其是貨運行業的罷工，想藉以破壞商業活動並擾亂政權。在此之前的甘迺迪總統時期，美國中央情報局策劃破壞蘇聯與古巴的關係，此係透過在哈瓦那運往莫斯科的一萬四千一百二十五袋蔗糖當中加入難吃的化學物質（雖然無害）。但在最後關頭，一名白宮助理認為此行動過於激烈而將其加以制止。

此外，經濟的秘密行動亦可透過偽造貨幣、抑制商品買賣的價格（對該國的經濟作物尤其有害，如古巴的蔗糖）、阻礙港口商業航運、炸毀電線和儲油設施、破壞石油供應、於雲層進行物質投放、或擾亂敵人領土的天氣模式。現代的經濟秘密行動，係製造經濟的混亂。今日，其中一個主要目標是敵方的電腦系統。憑藉嫻熟的駭客，對一個國家金融交易體系進行攻擊破壞、製造混亂、盜取銀行資產、破壞通信系統、甚至打擊軍事指揮與控制能力。

拾壹、情報活動靠宣傳
——《周書．韋孝寬傳》

【《周書．韋孝寬傳》中的諜報事件】

韋孝寬擅長安撫和收買人心，所以很得老百姓的支持。他派遣到齊境蒐集情報的間諜也都盡心盡力。也有得到韋孝寬好處的齊人，將所觀察到的情報遠寄給他。所以齊國有什麼動靜，北周全都能很快知道。當時有個將領叫許盆，受到韋孝寬的重用，被視為心腹來守城，沒想到許盆竟然在城東造反，韋孝寬一生氣，令間諜處置，沒多久間諜便把許盆的首級給交回來，從這裡可以看出，韋孝寬能利用間諜做很多事。

……韋孝寬手下參軍曲嚴對卜筮之事頗為拿手，他跟韋孝寬說：「我預測齊國明年一定會有大動亂。」於是韋孝寬叫曲嚴寫了一首民謠，內容是：「百升飛上天，明月照長安。」百升即指一斛。又寫有另一首民謠：「高山不用推就自己崩了，槲木不用扶自己也可以長得很好。」再叫間諜到齊國境內去散佈這些歌謠，還傳唱到鄴城去。齊國的祖孝徵知道後竟還加以修飾，再去奏明齊主，與祖孝徵不對盤的齊國的守國重臣斛律光因此被殺。（節錄翻譯自《周書．韋孝寬傳》）

【事件中的情報觀念探討】

南北朝時期，北周大將韋孝寬是一個善於用間的人。他一直對北齊虎視眈眈，經常派間諜到北齊偵察，還以重金收買了北齊的上層人物，而他用間諜散佈謠言除掉了他的心腹之患——北齊大將斛律光，這件事可謂達到了他用間的最高水準。當時北齊的後主高緯只是個十五歲的小孩，不經世事，只知道吃喝玩樂。在他的統治下，百姓賦稅沉重，朝廷腐敗。北齊政權日漸風雨飄搖。幸好朝中有名將斛律光，能征善戰，靠著他的努力經營，北齊政權才得以維持。斛律光戰功累累，不僅受到朝中大臣的妒忌，而且敵人也深恨之。

孝寬為了除掉斛律光，讓人精心編寫了歌謠：「百升飛上天，明月照長安……。高山不推自崩，槲樹不扶自豎。」百升和槲樹都是影射斛律光，北齊王姓高，高山便是影射北齊王。這首歌謠的意思就是：「北齊王快要垮臺了，斛律光就要當皇帝了。」韋孝寬命令間諜把這些歌謠傳到北齊，很快就流傳起來，連路邊玩耍的小孩都會隨口傳唱。這些謠言很快傳到了斛律光的政敵祖珽耳中，祖珽很快報告給了後主高緯。高緯絲毫不辯真偽，決定殺了斛律光。斛律光被殺後，北齊更加衰弱，在西元五七七年終於被北周所滅。

本篇旨在說明秘密行動之宣傳活動。宣傳（Propaganda）係最廣泛使用之秘密行動，有時亦稱為「心理戰」（Psychological Warfare）。其目的在於將己方信念、價值、觀點、「別有用心」之訊息等，散佈、流傳與接收於特定對象（社會、國家）之內，進而影響其人民、政府對外（己方）政策，以符合己方期待獲取之利益。

然而，由於公開使用官方途徑（如新聞局、國務院宣告、文化中心等）進行宣傳的成效不大，因此，由情報單位以秘密行動方式，「建立」（收買、賄賂、套用關係等各種手段）其新聞散播管道（文字、電視、報紙等媒體）（Media Assets），利用當地具有聲望之媒介，傳播特定新聞及訊息，再幾經轉用（如「外電報導」等）而「累積」

其可信度，塑造出符合己方期待之訊息流通與其影響效果。不過「宣傳」一旦發動，可能會流回己方社會而無法有效防堵或「更正」，也會造成內部訊息混淆或「污染」（Contamination）的結果。

宣傳可依其是否指出消息來源而區分為黑色（Black）、灰色（Gray）、白色（White）宣傳等三種。依照美國前中央情報主任（DCI）柯比（William Colby）的解釋：白色宣傳是公開明示其消息來源，通常係由國家新聞單位（文化中心、新聞局等）所進行。灰色宣傳則不明告消息來源或僅歸之於其它第三者消息來源，係情報單位最常進行的行動。黑色宣傳則為己方蓄意製造或揑造消息，並透過當地媒體散播，混淆視聽，也是情報單位主要的工作。

舒爾斯基（Abram N. Shulsky）和史密特（Gary J. Schmitt）指出黑色宣傳，是一種更直接影響社會的方法，是透過可利用的媒體散佈意見、情報和假情報。例如，實施積極外交政策的國家通常擁有無線電台，如美國之音、莫斯科電台，公開表達他們對國際問題的觀點，就好像報紙的社論表達報社編輯或出版商的觀點一樣。

然而，某些時候，政府不願與宣傳扯上正式關係。在此情況下，政府可透過某種方式散佈觀點或發佈事實，同時又使訊息來源看起來不太明顯。為達成此目的，可以將觀點或事實刊載在非政府擁有或控制的新聞媒體上，或者將其刊載在表面上獨立但實際上為政府所控制的媒體上。

政府主要基於兩個理由展開這種來源不明的宣傳（黑色宣傳）。其一，如果宣傳來源被掩蓋，或宣傳者的深層動機不明顯，就更容易為目標民眾接受。例如，美國在參與兩次世界大戰前，為了顯示新聞報導的客觀、獨立，英國對美國的宣傳經常透過秘密管道進行。例如，透過中歐流亡者，英國情報機構滲透了德國在美國進行的多項秘密活動。為減輕美國民眾的孤立主義情緒，引起美國民眾對德國的反感，英國將與這些行動有關的訊息傳遞給對英國持同情態度的《普羅維登斯（美國羅德島州首府）日報》（Providence（R. I.）Journal）編輯。根據這些訊息，該日報刊登了這些事情，並將稿件賣給美國其它報社。

利用黑色宣傳的第二個理由與外交有關，政府想向特定民眾宣傳這些觀點，卻又不希望與其有所牽連。例如，在一九七九年至一九八一年的伊朗人質危機期間，蘇聯政府在聯合國譴責扣留伊朗人質的行為，其立場在外交上無懈可擊，然而，它的「黑色」無線電台——「伊朗民族之聲」卻含蓄的贊同這種行動，並伺機在伊朗煽動反美言論。

除隱藏來源的「黑色」宣傳外，還有一種「灰色」宣傳，其來源不能完全隱藏或有效隱藏，但也沒有獲得公開承認。例如，一九四九年和一九五一年，美國分別建立了「自由歐洲電台」和「自由電台」，向東歐和蘇聯進行宣傳。與「美國之音」不同的是，這些電台並不傳達美國官方觀點，而是向目標聽眾提供與他們國家相關，以及與西方有關的訊息。由於這些國家的政府控制了媒體，聽眾從本國媒體接觸不到這些訊息。這些電台打著私有組織號誌建立，為了形成這層掩護，它們甚至呼籲公眾資助。事實上，這些電台係由中央情報局所經營。正如中央情報局副局長克萊因（Ray Cline）所說：「中央情報局組織了這個行動……據說如果將電台與美國政府的關係隱藏起來，廣播的效果將會更好。」然而，儘管這些電台與美國政府的關係從未得到公開認可，但很明顯，這些電台是美國的一項行動。

以來源不明方式操縱宣傳的另一種方法是，將故事刊載在獨立媒體上，或安排與政府或其情報機構無明顯關聯的作者和出版社創作並出版書籍。例如在冷戰期間，在一場針對西歐共產主義影響的秘密行動中，中央情報局利用了黑色宣傳，包括透過在通訊社或報社工作的間諜人員，秘密資助書籍出版和發表文章。中央情報局進行的此類行動中最著名的一個案例是，多家非美國報紙刊登了一九五六年赫魯雪夫（Nikita Khrushchev）攻擊史達林（Joseph V. Stalin）「個人崇拜」的「秘密報告」，該報告的副本由中央情報局提供。另一個案例是中央情報局支持創作並出版《彭可夫斯基文集》，該書以二十世紀五〇年代末、六〇年代初中央情報局在蘇聯的最重要間諜的真實素材為基礎所撰寫。

此外，亦可運用掩護組織作為宣傳媒介。從表面上看，這些掩護組織組成廣泛，但實際上處於某個政府的控制之下，它們的目標與政府一致，完全可以依賴。他們能發揮和黑色宣傳同樣的作用。他們表達的內容可以促進政府的利益，但採取的方式更易為目標民眾接受。例如第二次世界大戰前，英國就建立了許多這樣的組織，以對抗和騷擾美國國內規模最大、最重要的孤立主義組織——「美國第一」（America First）。

而另一種散佈訊息而不用為其負責的手法是杜撰和傳播偽造文件，該手段與上述手段有著共同的目標——影響民眾的觀念，使其採取己方希望的行動。此類文件包括特定的觀點、來源明確與不明確的宣傳內容、偽造的文件，它們必須看起來像是真實可信。為了提高可信度，通常會在偽造的訊息當中增添某些真實的訊息，最後合成的訊息可在某些重要方面誤導目標民眾。

當然，完全真實的訊息，或者宣傳者自認為真實的訊息，也很可能對目標民眾產生預期效果。從削弱共產主義在西歐和東歐的威信這個角度觀察，赫魯雪夫秘密講話中最有力的部分是對史大林罪行的揭露和對「個人崇拜」的批判。儘管此部分的材料是真實的，但公開此段講話依然是中央情報局一次非常成功的秘密行動。

拾貳、情報活動靠政治
——《史記・仲尼弟子列傳》

【《史記・仲尼弟子列傳》中的諜報事件】

田常想在齊國作亂，卻畏懼高昭子、國惠子、鮑牧、晏圉的勢力，所以想調遣他們的兵力來攻打魯國。孔子聽說這件事，對門下的弟子說：「魯國是埋葬我們的祖宗的地方，是父母之邦，祖國如此危難，諸位為何不挺身而出呢？」子路請求前往，孔子阻止了他。子張、子石請求前行，孔子不答應。子貢請求前去救魯國，孔子這才答應。

於是子貢出發了，到了齊國，勸說田常說：「您攻打魯國是錯誤的。魯國，是個不好攻打的國家，它的城牆單薄而且矮小，它的護城河狹窄而且水淺，它的君王愚笨而不仁愛，大臣虛偽而又沒有用，它的軍民又厭惡戰爭，這樣的國家不能與它交戰。您不如攻打吳國。吳國，城牆高大又堅厚，護城河廣闊而且水深，鎧甲堅固又是新的，士兵經過挑選，個個精神抖擻，精兵良將堅銳的兵器都在那裡，又派賢明的大臣把守城池，這樣的國家是容易攻打的。」

田常憤怒地臉色大變地說：「您所說的很難，別人認為容易；您所說的容易，別人卻認為很難。您用這一番話來指教我，是什麼意思？」子貢說：「我聽說，憂患在國內的要攻打強國，憂患在國外的要攻打弱國。我聽說您三次被授予封號，而三次未能封成的原因，是朝中有大臣反對您呀！如今您攻佔魯國來擴充齊國的疆土，如果打勝了，齊國的國君會更驕奢；佔領了魯國的土地，齊國的大臣會更尊貴。而您的功勞卻不在其中，那麼，您與齊王的關係就會一天天地疏遠。這是您上使國君滋生驕橫放縱之心，下使大臣任意妄為。想因此而成大事，難啦！君王驕縱就會任意妄為，大臣驕縱就會爭權奪利，這樣會變成：您上與君王不和，下與大臣爭鬥。那麼您在齊國的處境就危險了。所以說不如攻打吳國。攻打吳國如不勝，百姓死在外國，朝廷內大臣勢力空虛，這樣，您上無強臣為敵，下無百姓的譴責，孤立君王、制約齊國的就只有您了。」田常說：「好！雖然如此，可我的軍隊已經開赴魯國了，現在撤回又開赴吳國，大臣們懷疑我時該怎麼辦？」子貢說：「您先按兵不動，讓我前去見吳王，請他出兵援救魯國來攻打齊國，您率兵回頭迎擊他們便可。」田常同意了子貢的意見，派他南下去見吳王。

子貢勸吳王說：「我聽說，實行王道的人不應讓他的屬國滅亡，實行霸道的人不應讓他的強敵出現，千鈞重的物體再加上一銖一兩也可能產生移位。如今，擁有萬輛兵車的齊國獨自要去佔領有千輛兵車的魯國，與吳國爭強弱，我私自為大王的危險感到擔心。援救魯國能名揚天下，攻打強暴的齊國來制服強大的晉國，再也沒有比這更大的利益了。您出兵的話，表面上是保存危亡的魯國，實際上是圍困強大的齊國，明智的人是不會懷疑這個道理的。」

吳王說：「說得好！雖然如此，但我曾經與越國交戰，越王退守會稽。越王苦煉自身，還優養名士，有報復我的打算。您等我攻打了越國後再來辦理您的建議。」子貢說：「越國的實力沒有超過魯國，吳國的強大沒有超過齊國，大王放下齊國而去攻打越國，到時候齊國早已平定魯國了。況且大王正以『保存危亡之國，承繼斷絕之嗣』為名，如果攻打弱小的越國而害怕強大的齊國，就是不勇敢了。勇敢的人不避危難，仁義的人不會見人困窘而不救，明智的人不會坐失良機，施行王道的人不會讓別的國家滅亡，而是以這些義行來樹立自己的道義。如今保存越國以向諸侯表示自己的仁義，援救魯國攻打齊國，給晉國施加壓力，諸侯一定會競相朝見吳國，稱霸天下的大業就完成了。大王如果確實畏懼越國，我請求往東去會見越王，讓他出兵追隨您，這實際上是使越國國內空虛，表面上卻只是追隨諸侯來攻打齊國。」吳王大喜，就派子貢出使越國。

越王掃清道路，到郊外迎接，親自駕車到子貢休息的館舍去看望並問他說：「我們這麼偏遠的國家，大夫您怎麼肯以自己莊重的身分屈尊光臨呢？」子貢說：「現在我已勸說吳王援救魯國攻打齊國，他的本意想去卻又怕越國。說：『等我攻破越國才行。』像這樣，攻破越國是肯定的了。況且沒有報復人的志向而讓人懷疑他，這是笨拙呀！有報復人的志向而讓人知道，這是不安全的；事情還沒做卻先讓人知道，這就太危險了。這三種情況是成就大事的最大禍患。」勾踐聽完叩頭再三拜謝說：「我曾經自不量力，才與吳國交戰，被困在會稽山上，恨之入骨，日夜口乾舌躁，只想與吳王決一死戰，這就是我的心願。」於是就問子貢該怎麼辦才好，子貢說：「吳王為人兇猛殘暴，群臣難以忍受；國家多次打仗，搞得衰敗不堪，士兵不能忍受；百姓怨恨君王，大臣自亂陣腳；伍子胥因直言進諫而被賜死，改由太宰伯嚭當權，他只知順從君王的過失而保存自己的私利；這是殘害國家的治理方法呀！現在大王若果真出兵輔助吳王來迎合他的心意，用貴重的寶物來博得他的歡心，用謙卑的語言以表示對他的尊重，那麼他就一定會攻打齊國了。如果這場戰爭敗了，就是大王的福氣。如果戰勝了，吳國必然兵臨晉國，我請求北上去見晉王，讓他與越國共同攻打吳軍，削弱吳國的勢力是必然的了。等吳國的精銳全部在齊國被消滅，重兵又被困在晉國，而大王趁吳國疲憊時攻打它，這樣滅掉吳國是必然的了。」越王大喜，同意按他的意見行動。贈給子貢黃金百鎰，寶劍一把，良矛二支。子貢不願接受，就走了。

子貢向吳王彙報說：「我嚴肅地把大王的話告訴了越王，越王非常恐慌地說：『我不幸，從小失去長輩，又自不量力，觸犯了吳國而獲罪，軍隊戰敗，自身受污辱，棲身於會稽山，國家成為荒涼的廢墟，仰仗大王的恩賜，使我能夠捧著祭品來祭祀祖先，我至死也不敢忘記，哪敢有什麼非分之想！』」五天後，越王的使臣大夫文種向吳王叩拜說：「東海役使之臣勾踐派臣下文種，來修好您的下屬和近臣間的關係。如今我私下聽說大王將主持正義，攻打強國，扶救弱國，圍困殘暴的齊國，安撫周朝的宗室，請讓越國出動全部軍隊三千人。勾踐請求親自披掛堅實的鎧甲，手握銳利的武器，衝鋒在前，抵擋箭石的攻擊。所以派越國賤臣文種敬奉先祖珍藏的寶器：鎧甲二十件，斧頭、屈盧矛、步光劍，用這些禮物來預祝貴軍官兵得勝。」吳王大喜，把這件事告訴子貢說：「越王想親自跟隨我攻打齊國，可以嗎？」子貢說：「不可以。使別人國內空虛，讓別人的軍隊全部出動，又要別人的君王跟隨出征，這並不仁義。您可接受他的禮物，答應他派兵參戰，而推辭他的國君跟隨出征。」吳王同意了，就辭謝了越王。於是吳王就發動九郡的人馬攻打齊國。

子貢離開吳國到晉國去，對晉王說：「我聽說，計謀不事先定好，不可能應付突發事件；軍隊不事先訓練好，不能戰勝敵人。現在齊國與吳國即將交戰，如果吳國不能取勝，越國一定會趁機擾亂它；與齊國這場戰爭如果能取勝，吳國一定會調動它的兵力圍困晉國。」晉王大驚，說：「這該怎麼辦呢？」子貢說：「整治兵器，休養士兵來等待吳軍的到來。」晉王同意了他的意見。

子貢離開晉國前去魯國。吳王果真與齊國的軍隊在艾陵開戰，大敗齊軍，擒獲了七個將軍率領的士兵還不班師回國，接著調兵開赴晉國，與晉國人在黃池相遇。吳晉兩國爭強，晉國人攻打吳國軍隊，大敗吳軍。越王聽到吳軍戰敗的消息，就渡江襲擊吳軍，在離都城七里遠的地方駐紮。吳王聽到這個消息，離開晉國回國，與越軍在五湖交戰，多次戰鬥都沒有取勝，城門也守不住了，越軍就包圍了王宮，殺死吳王夫差和太宰伯嚭。攻破吳國三年後，越國成為東方霸主。如此，子貢一出行，保存了魯國，攪亂了齊國，滅掉了吳國，使晉國強大，越國稱霸。

子貢出使一次，使各國形勢發生相應的變化，十年之中，齊、魯、吳、晉、越五國的形勢各自發生了變化。（節錄翻譯自《史記．仲尼弟子列傳》）

【事件中的情報觀念探討】

春秋戰國是中國古代歷史上的大變革時期。周室漸衰，群雄爭霸，各諸侯國為了爭奪土地、人口，以及對其他諸侯國的支配權，不斷進行兼併戰爭。動盪不安的社會環境為間諜活動的發展創造了有利條件。當時，孔子遊歷到衛國，聽說齊國大臣田常想發動政變，又怕高、國、鮑、晏四家實力太強，難以成功，於是就想調動他們的兵力攻打魯國。孔子得到這個消息後就召集他的弟子詢問願意出使救魯國的人，最後孔子選擇了子貢。

經過子貢的出使，保存了魯國，搞亂了齊國，滅了吳國，使晉國得以增強，越國得以稱霸。子貢一介書生，竟憑三寸不爛之舌，在列國中掀起軒然大波，其所充當的，即《孫子兵法》裡「五間」中的「生間」。子貢離間齊、吳、越、晉四國的方法，即《李衛公兵法》裡的「間鄰」之法。他的計策絕妙，辯術精湛，展現了他卓越的戰略眼光和高超的政治見解。他的活動標誌著「士」這個階層的人物正式登上間諜活動的舞臺，以其所具有的戰略眼光、政治見解和較高的知識層次從事間諜活動。此外，子貢的間諜活動方式屬於兩面間諜，甚至可以說是多面間諜，他在列國間縱橫捭闔，四面挑撥，使各國均陷入他的連環套中，以達到存魯的目的。

本篇旨在說明秘密行動之政治（秘密）行動（Political（covert）Action）。基本上，前述的宣傳也是政治行動的一種，目的皆在影響對方社會輿論與信念。但政治秘密行動更強調積極介入，影響當地政治（理念與勢力）平衡，支持或打擊特定派系、人物或政黨而更進一步擴大利益。其做法多以金錢賄賂與經費支助為主，但同時也提供以下援助：

一、政治（選舉）諮詢與顧問支援，爾後擴大為相互合作，成為「影響力來源線民」（Agent of Influence），直接影響其對外政策。

二、協助特定對象（人物或政黨）發展其政治勢力，著眼於未來。

三、提供民間團體、工會、專業組織、學會經費補助，以擴大支持面。

政治（秘密）行動的目的在於主動、積極影響對方態度，更透過「影響力來源線民」（Agent of Influence）的培養與發展而有效地影響對方政策。此種「線民」不僅僅只限於政客、政黨、軍官、官員等高級領導人物或知識份子，同時也包括前述人物之親信、秘書、助理、以及其他得以接近重要人物並發揮影響力之各式人物（如配偶、情（夫）婦、師生等等）。例如美國自六〇年代起，曾將注意力集中在非洲的薩伊及安哥拉等國；前者使用政治行動鼓動工會及軍隊反對左傾總統魯孟巴（Lumumba），導致反抗軍起而逮捕魯孟巴並予以殺害（一九六〇年）。後者則運用政治行動、經費支援及準軍事行動（供給武器及其它援助）等秘密行動，介入安哥拉內戰（一九七五年）。

同樣的，在亞洲方面，六〇年代，美國中央情報局（ＣＩＡ）曾介入越南內政，鼓動越南軍方反對其漸與美國疏遠之越南總統吳廷琰（Ngo Dinh Diem），終導致越南軍人政變並殺害總統。此外，訓練並裝備寮國人民游擊作戰能力，從事對抗越共戰爭等，也是美國在該地區展開的政治秘密行動。

而在意圖影響外國社會觀念部分，亦有所謂的「影響間諜」，儘管此類間諜通常能夠或多或少直接影響政府觀念和政策，但人們也可以想像另一類型的間諜，其主要任務是影響外國公眾輿論。據蘇聯前國家安全委員會（ＫＧＢ）官員指稱，法國是特別適宜從事此類活動的沃土：「二十世紀七〇年代中期，大多數高級法國間諜……是新聞記者，或是與媒體相關的人士。」透過在法國媒體中僱傭的間諜與合作者，蘇聯情報機構一直積極利用法國公眾輿論中的共產主義及戴高樂主義傾向，離間法國與北約之間的關係，並促進民眾支持法國和蘇聯建立友好的關係。

一九七九年，蘇聯KGB少校斯坦尼斯拉文夫・列夫琴科（Stanislav Levchenko）叛逃美國，詳細披露了蘇聯運用間諜影響日本媒體和政治的案例。包括利用日本社會黨一個著名成員阻撓另一成員取得領導地位，後者被KGB認為是中國間諜。利用日本報紙《讀賣新聞》的高級記者推動一篇文章的發表，促使一位在雙面間諜行動中被捕的蘇聯間諜獲釋。並利用美聯社一位年輕的特約記者，公開了一封據稱是叛逃日本的蘇聯飛行員（駕駛米格二五從西伯利亞叛逃日本）的妻子寫給他的信，信中懇求該飛行員返回蘇聯。

對外國內部事件施加影響的另一種做法是向友好的政治力量，如政黨、民間組織、工會和媒體，提供物質支持。儘管這些行動可以公開進行，但對受援團體來說，秘密支援可能更為妥適，此較不會招致諸如干涉別國內政的指控。二十世紀八〇年代美國秘密援助波蘭團結工會，就是一例：一九八一年十二月，波蘭共產黨政府發布軍事戒嚴令，美國政府與羅馬天主教會及美國勞工組織合作，展開一項旨在挽救團結工會及波蘭民主運動的行動，包括向團結工會秘密提供資金、印刷機和秘密通訊設備。

此外，根據公開紀錄顯示，美國中央情報局在冷戰時期進行的政治援助對象，包括義大利、約旦、伊朗、厄瓜多爾、薩爾瓦多、安哥拉、智利、德國、希臘、埃及、蘇丹、蘇利南（Suriname）、模里西斯（Mauritius）和菲律賓的政黨、政治人物、或獨裁者。秘密資金被用來爭取具影響力的政府官員的支持，以幫助親西方政權贏得選舉，建立反對共產主義的政黨和政權，並加強工會避免遭到共產黨的掌控。宣傳和政治秘密行動彼此間必須密切合作，有時兩者都被套上「政治」的標籤。在冷戰期間，美國中央情報局的行動單位的情報人員，在一些發展中國家的選舉期間舉辦演講，印製發行許多的小冊子、標語或保險槓貼紙等，他們的共同目的是說服重要的外國官員，採取有利於美國利益的政策。

拾參、情報活動靠暗殺
——《吳越春秋・闔閭內傳第四》

【《吳越春秋・闔閭內傳第四》中的諜報事件】

闔閭二年，吳王既然殺了吳王僚，又擔心僚的兒子逃亡鄰國後，引諸侯之兵來討伐，於是問伍子胥：「之前派專諸成功刺殺僚這件事，對我來說影響很大。現在公子慶忌打算獻攻吳之計給諸侯，這讓我吃不下飯，睡不著覺，想問問您這該怎麼辦才好。」伍子胥回答：「我既不忠心又無德行，先前與您偷偷躲起來商議刺殺僚的事，現在又要討論如何殺僚的兒子，恐怕連老天爺也看不下去。」吳王回說：「以前武王討伐商紂，後來又殺掉他兒子武庚，周人也沒人抱怨。今天跟您談論這個，老天爺又怎麼會有意見呢？」伍子胥說：「我在您手下當差，很快統一了吳國，又怎會害怕什麼艱難的任務？

我認為這件事最重要的是要找對人來辦，找個願意執行我們陰謀的奸細就對了。」

吳王說：「我很憂心一個人能辦成什麼事，今天要對付的人，力量可比萬人，叫一個奸細就能得逞嗎？」伍子胥回說：「這個奸細做事能發揮萬人的力量就行。」吳王說：「這人是誰，您能跟我說嗎？」伍子胥說：「他的名字叫要離，我曾經看過他大膽地羞辱了壯士椒丘訢。」

……要離對吳王說：「如果您真想暗殺慶忌，我能幫您。」吳王說：「慶忌是個十分精明的人，逃亡而被諸侯收留，諸侯對他的看重不下於士。」要離說：「我聽說若安逸於與妻兒和樂的生活，不盡君臣的義務，這叫不忠；只想留在家裡疼愛家人，不為君主除去心頭之患，這叫不義。我假意因為犯了罪而逃亡，屆時您再殺了我的妻子，砍了我的右手，慶忌一定會相信我的。」吳王說：「那好吧！」於是要離假裝犯罪逃亡，吳王便抓來他的妻兒，在市街上活活燒死他們。

要離於是逃到鄰國諸侯那邊，到處抱怨吳王，因為無罪被吳王嚴懲這件事，使得天下人都同情他的無辜。後來到衛國去求見慶忌，一見到面就說：「闔閭實在太可惡，這是您深知之事。今天他殺了我的妻兒，在市街上燒了他們，他們可是無罪的呀！吳國的國情我很瞭解，希望能藉由您的勇猛，借兵攻打吳國，很輕易地就能抓到闔閭。您為何不跟我打回吳國呢？」慶忌於是同意了要離的建議。

三個月後，慶忌挑選並訓練了一些軍士後率眾返回吳國。才渡江到了江心，要離力氣小，故意坐在上風處，利用風力，假裝把帽冠掩在戈上，順風刺向慶忌。沒想到慶忌一回頭就把戈揮開，還將要離的頭抓著壓入水裡好幾次，再跪壓在要離的身上說：「太可笑了你！你可真有膽呀！竟然敢用兵器加害於我。」慶忌身邊的侍從想要殺掉要離，慶忌制止他們說：「這是天下最勇敢的人，怎能在一天之內死掉二位勇士呢？」於是告誡侍從說：「讓他回吳國去彰顯他對闔閭的忠心吧！」慶忌就自殺了。（節錄翻譯自《吳越春秋‧闔閭內傳第四》）

【事件中的情報觀念探討】

春秋末年，吳國的宗室姬光，依靠大臣伍子胥的輔弼，殺了奪位自立的吳王僚，坐上了吳王的寶座。僚的兒子慶忌跑到衛國招納四方勇士，操練部隊，準備為父報仇。吳王闔閭（即姬光，稱王後改名闔閭）為此寢食不安，便求計於伍子胥。伍子胥說：「須得有一人行間諜之事，使我知敵內情，方可乘隙而擊。」伍子胥並向吳王推薦了要離。

為了取信於慶忌，並演出要離獲罪潛逃，妻兒被燒死於市的苦肉計。

要離投奔慶忌，並在三個月後與慶忌同坐一船，帶領軍隊沿江南下，攻打吳都。要離乘著風勢連人帶矛刺殺慶忌未成，慶忌制止侍從殺掉要離，感念於他的勇敢與忠心，慶忌自殺身亡，隨後要離也拔刀自刎而死。慶忌既死，他的部下見大勢已去，或逃亡，或降服吳王，頃刻之間反對吳王的勢力便瓦解了。一場即將爆發的戰爭，就這樣被一個間諜暗殺活動輕而易舉地解決。

本篇旨在說明秘密行動的暗殺手段。暗殺在間諜活動中由來已久，西方用「斗篷加匕首」來稱呼間諜，其道理就在於此。在間諜世界，暗殺活動通常是間諜情報機關在周密策劃下，派遣行動人員趁被害人員不備，用暴力手段將其暗殺。在現代國際間諜戰中，對立的雙方，常常透過詭計多端的暗殺活動來達到打擊或削弱對方力量，製造某種事端，消除某種威脅和隱患，造成某種影響的目的。

間諜暗殺的主要對象有：

一、暗殺領導人，即暗殺對方的政府或軍界領導人、高級指揮官，給對方造成政治的損害或形勢的混亂。

二、暗殺有影響的人物，即暗殺在國際上具有重大政治影響或影響對方政治路線的權勢人物，以消除對己方造成的威脅和隱患。

三、暗殺對方間諜情報人員，以達到報復或打擊對手，消除威脅的目的。

四、暗殺叛逃和流亡者，其中主要是政治叛逃者，比如流亡者和叛逃的己方間諜情報人員。

間諜暗殺的形式大概有以下幾種：

一、製造某種爆炸事件進行暗殺。

二、製造某種惡性事件，如「車禍」進行暗殺。

三、利用槍械兇器，如無聲手槍、煙盒槍、鑰匙槍、電子槍等進行暗殺。

四、利用能致人於死地的毒物、毒藥進行暗殺。

五、利用假情報矇騙對方，使對方上當，借對方之手殺掉自己要消滅的對象，此被稱之為「借刀殺人」。

今日暗殺的例子，如一九二八年時，中國當時的奉系軍閥張作霖與日本關東軍發生摩擦。日本關東軍決定秘密除掉張作霖。為了盡快達到此一目的，關東軍特務處派遣川島芳子至奉天查明張作霖返回遼寧的日程安排。川島芳子單獨至奉天張作霖的府邸，以美色誘惑少帥張學良副官鄭某洩漏張作霖返遼的具體路線和時間安排。知曉張作霖對外宣稱自己隨軍返回，其實是先於軍隊乘車回到奉天，川島芳子立即向總部匯報。一九二八年六月四日凌晨五點左右，張作霖在皇姑屯被炸身亡。日本關東軍陰謀得逞，中國東北情勢遽變，川島芳子功不可沒。

另一個著名的暗殺案例是以色列情報單位摩薩德（Mossard）對恐怖組織「黑色九月」（Black September）的暗殺報復行動。一九七二年九月五日，德國慕尼黑奧運會舉辦期間，巴勒斯坦極端恐怖組織「黑色九月」的八名恐怖份子闖入奧運村以色列選手駐地，當場擊斃了二名以色列舉重教練和運動員，並綁架了另外九名運動員。此後，「黑色九月」發表聲明，要求釋放被以色列關押的二百三十四名巴勒斯坦政治犯。以色列政府拒絕了釋放政治犯的要求。隨後，德國試圖營救人質的突襲失敗並引發槍戰，導致九名人質全部喪生。這就是歷史上著名的「慕尼黑慘案」。慘案發生後，以色列舉國哀悼。以色列總理格爾達・梅厄夫人下令實施報復。摩薩德領導人扎米爾為暗殺行動命名為「上帝的復仇」。並成立一支訓練有素的暗殺隊伍——「死神突擊隊」。突擊隊分成若干個小組，暗殺每個目標動用一個小組。暗殺活動從一九七二年十月到一九八一年八月，持續九年有餘。列入死亡名單的十一名恐怖份子，全部被暗殺處死，但也傷及了大量無辜，摩薩德的復仇行動震撼世界。

雖然暗殺（assassination）行動已遭大多數國家所摒棄或明令禁止，但以色列情報部門目前仍然從事秘密暗殺活動，目標在剷除敵視以國生存的巴游組織領導人物。一九九七年十月初，當兩名以國摩薩德（Mossad）特工人員偽造加拿大護照，並於約旦境內企圖暗殺「哈馬斯」（Hamas）政治領袖梅舍（Khaled Meshal）失敗被捕後，總理內唐亞胡（Benjamin Netanyahu）雖分別向加國、約旦表示歉意，仍強力辯護該項暗殺行動的「正義性」，而以國總理的說辭甚至獲得國內社會大眾的相當支持。

前面幾篇及本篇敘述了經濟、宣傳、政治及暗殺等秘密行動的運用。有關秘密行動的未來，情報學者高德森（Roy Godson）認為，成功運用情報秘密行動必須注意下列原則：首先，秘密行動應是政策工具，不能取代政策，只能支持政策，且須輔助並與外交、軍事、經濟政策手段相協調，並配合整體政策的需求。其次，政策面應維持進行秘密行動的機制與能力，不能臨事方才拼湊組合。同時，秘密行動亦應與情報蒐集、分析及反情報相互整合，充分發揮情報資訊的價值，並避免情報資源重複浪費。最後，秘密行動應取得政策共識、國會同意與社會支持，避免進行爭議性任務。例如，暗殺或其它嚴重侵害人權、公民權益之行動。要言之，當前國家安全情報組織的任務需求必須建立在國家對於安全利益威脅的認知結果，並將其轉化為明確的政策指示或法律規範，同時利用情報蒐集、情報分析、反情報、秘密行動等情報手段，間接或直接協助政策面推動政策，達到增進國家安全利益的目的。

拾肆、間諜的種類
——《孫子兵法．用間篇》

【《孫子兵法．用間篇》中的諜報事件】

《孫子兵法》說：間諜有五種，即鄉間、內間、反間、死間、生間。這五種間諜同時使用起來，能使敵人無從捉摸我方用間的規律，這就是使用間諜的神妙莫測的方式。第一種叫做鄉間，就是利用敵方同鄉的人作為間諜。因為敵方的同鄉人，知道敵方情況的虛實，所以可以用做間諜，用他們來窺視敵情。第二種是內間，就是利用敵方內部人員來充當間諜，這類間諜，可以是敵方的官員或部眾，也可以是敵方屬地內深受其害的老百姓。第三種是反間，就是利用敵方間諜給敵人傳遞虛假情報。敵方派間諜來窺視我方軍情，我方知道後，用重金策反此間諜，讓他為我方服務，變成我方的間諜。第四種是死間，我方間諜到敵軍中去，在沒探聽到敵人情報前，我方應該先做一些假象，讓我方間諜把這些假情報提供給敵人，以取信於敵。如果我軍行動與假象不符，則我方間諜無法逃脫，必然被敵人所殺，所以說是死間。第五種是生間，用有智謀的人作為間諜，行使完間諜任務後，又能活著回來報告情況。（節錄翻譯自《孫子兵法．用間篇》）

【事件中的情報觀念探討】

孫子，名武，字長卿，春秋後期齊國人，到吳國後，被吳王重用任命為將軍。孫武是中國古代偉大的軍事家之一，其所著《孫子兵法》是中國最早、最完整的一部兵書，也是中國最有影響的一部兵書。《孫子兵法•用間篇》是孫武專門論述軍事情報偵察的理論著作，在這部著作中，孫武論述了偵察的重要性，科學地劃分了「間諜」的種類、招募條件、使用原則，具體地指明了任務、活動方式等，形成了一套系統的軍事偵察情報理論。《用間篇》是中國也是世界最早的軍事情報理論專著，此篇對古今中外的軍事偵察情報都產生了深遠的影響。至今然具有重要的指導意義。

孫子認為，五間中，鄉間、內間和反間都是利用敵人為間，死間和生間是利用自己人為間。只有透過反間瞭解敵情，才能根據情況以利用內間和因間；只有透過反間、內間和鄉間瞭解到敵情，才能根據情況利用死間和生間。所以反間最為重要，必須給予足夠的重視。在如何使用間諜方面，孫子提出這五種間諜活動要同時展開，五種間諜手段要輪流使用，這樣才能廣開情報來源，多方面瞭解敵情，使敵人無法瞭解我方間諜動用規律的是非虛實，陷入茫然無所應付的境地，以便對敵進行破壞和瓦解活動。歷代的軍事家、軍事理論家，一般都遵循孫子的分類原則，總結歷史上用間的經驗和教訓，以指導間諜活動。

有關孫子主張五種類型的間諜說明如下：

鄉間：又叫因間。是用金錢收買，誘用敵方同鄉裡的熟人、親屬、朋友等普通老百姓或當地居民來充當間諜，蒐集情報。它相當於現代所說的情報提供者。鄉間潛伏在民間，身分是普通老百姓，所以活動方便，蒐集情報也簡單易行，傳遞情報也較快捷，不易被敵方發覺，但是所獲得的情報往往是一般性的。

內間，是指收買敵人內部能接觸和瞭解秘密的官吏、權貴來充當間諜，相當於現代所說的策反。一般來說，這些官吏和權貴都是敵方決策團中身居要職的人，有的知道軍事核心秘密，有的能左右政局變換，以他們為間諜，蒐集的情報價值往往很高，有時帶有戰略意義，運用得當，就會產生非常重要的作用。使用內間，就是要充分利用對付決策層中的裂縫和矛盾，使那些被收買、策反的官吏、權貴為我所用。不僅官吏可以做內間，敵方管轄區域內的受害百姓也可以用做內間。

反間，是指收買和利用敵方派遣的間諜為我所用，相當於現代所說的雙面間諜、多重間諜或逆用間諜。使用反間有兩種方法：一是用金錢、美女收買敵方的間諜，使其自願、主動地為我方工作，同時又給敵方送去假情報或無關緊要的情報；二是當發現敵方間諜時，我方假裝毫不知情，並故意透露一些假情報，誘使敵人上當。這種使用反間的策略，由於利用的是敵方的間諜，在客觀上就很容易取信於敵，因此很容易成功，甚至有時還會收到意想不到的敵方不戰而降的效果。

死間，是指派遣自己的人傳送假情報以矇騙敵方間諜，也就是按照我方的意圖向敵人報告虛假情況的人。實際上，死間是冒著必死的決心和危險深入敵方陣營的。他們形式上是在向敵人報告秘密，實質上是引誘敵人按我方的意圖行事。他們雖受敵人青睞，但隨時都有被識破的可能，所以死間的處境十分危險，一旦敵人發現上當受騙，往往必死無疑，所以稱為死間。正因為死間很危險，所以被當作死間的人，往往本人並不知道真相，因為倘若本人知道了真相，就有可能會膽怯，甚至可能反戈一擊，被敵方收買為反間。

至於生間，是指利用各種掩護手段到敵方去竊取秘密情報，並能回來彙報情報，相當於現代所說叫潛伏間諜。生間常以外交使者的身分作為掩護，除需具有合法身分或職業掩護外，還要求具有優秀的個人品格和素質。比如具有特殊的觀察力，能隨時隨地捕捉情報資訊，具有分析問題的能力和對事業的忠誠以及獻身精神等等。

一九六〇年五月十一日，美軍高空U-2型偵察機在蘇聯斯維爾德洛夫斯克（Sverdlovsk）被蘇軍的戰機擊落，其飛行員鮑威爾（Francis G. Powers）被俘。消息傳開，世界震動。因為這種偵察機是美國的高端戰機，飛行高度達二萬公尺，國際上不知道蘇聯究竟採用了什麼新式作戰武器，議論紛紛。其實蘇軍能夠擊落U-2型飛機並不像外界傳聞的那樣，只不過是蘇聯運用「偷樑換柱」的手段，即用了孫子所說的「鄉間」計。當時，美軍在巴基斯坦白沙瓦（Peshawar）市郊有一個空軍基地，U-2型高空偵察機就從這裡起飛到蘇聯執行戰略偵察任務。如此戰略要地自然是警備森嚴。蘇聯的國家安全委員會（ＫＧＢ）間諜想盡辦法，策反了一位名叫穆罕默德的阿富汗飛行員。這位阿富汗飛行員有一個朋友在這個空軍基地的餐廳工作，穆罕默德利用這個朋友混進了空軍基地。

一天晚上，他趁人不備偷偷進入U-2型戰機，據情報報告，這架飛機將在一兩天內執行偵察任務。穆罕默德曾經在美國留學，對美軍飛機的性能很熟悉。他進入飛機後，將高度儀錶盤上的四顆螺釘中的一顆擰了下來，換上了事先帶來的螺釘。這顆螺釘雖然和換下來的一模一樣，但是卻具有極強的磁性，可以吸引高度儀的指標，這樣高度儀就不能正常指示飛行的高度。當這架被做了手腳的偵察機由鮑威爾駕駛飛到三千零四十八公尺的高度時，高度儀的指標便被磁性吸引，竟然提前指到二萬七百二十六公尺。鮑威爾沒有產生任何的懷疑，他看到這個高度就沒再向上爬升。其實，這時飛行高度只有三千零四十八公尺。而這個高度恰好是蘇聯制空能夠作用的有效範圍。蘇聯抓住時機很快地就打下了它，同時俘虜了飛行員鮑威爾。

拾伍、間諜的掩護
——《資治通鑑・唐紀》

【《資治通鑑・唐紀》中的諜報事件】

（因為高句麗榮留王高建武派遣他的太子高桓權來長安朝貢，作為答禮）唐太宗命陳大德出使高句麗。陳大德到八月己亥日才從高句麗回國。陳大德剛到高句麗，為了探查山川名勝與風俗，每經一城，便贈送名貴的綾羅綢緞給當地官員說：「我喜歡遊歷山水，這裡如有風景名勝，我很想去看呀！」當地官員收到禮物覺得高興，便引導他到處參觀，哪裡都看遍。他處處都看到中原人，這些人都說：「我家原在中國某郡，在隋煬帝東征時滯留在高句麗，留下後娶遠遊的女子為妻，和當地人生活在一起，幾乎佔到當地人口的大半。」這些人還詢問自己老家親屬的情況，陳大德善意地欺騙他們說：「家中一切安好。」這些人聽了哭著爭相走告。

過幾天陳大德走的時候，城郊野外聚集著很多眼含淚水的中原人。八月初十，陳大德報告唐太宗：「高句麗聽說高昌已經滅亡，大為震驚，到唐朝使者館舍中問候的人數，超過以往的程度。」唐太宗說：「高句麗本來就是漢武帝設立的四郡，攻取高句麗，他們一定傾全國之力來對抗。我們另外派出海軍從東萊出海，走海路登陸進攻平壤，水陸兩軍夾攻，要收復高句麗並不難，只是關東地區人民生活還未改善，我不忍再疲勞百姓呀！」

……此次征伐高句麗，總共攻克玄菟、橫山、蓋牟、磨米、白岩、遼東、卑沙、麥俗、銀山、後黃十座城，遷徙遼、蓋、岩三州戶口加入唐朝戶籍共七萬人。新城、建安、駐驆三次較大的戰役，殺死高句麗士兵四萬多人……。（節錄翻譯自《資治通鑑．唐紀》）

【事件中的情報觀念探討】

「貞觀之治」使得唐朝呈現經濟繁榮、政治昌明的景象。見國力漸強，唐太宗開始想對外開拓疆土以建立武功。仍未歸附的高句麗自然成為他遠征的首要目標。為做好遠征高句麗戰爭的戰備工作，西元六四一年七月，唐太宗派職方郎中陳大德以唐使身分為掩護，前往高句麗展開間諜活動。陳大德其實就是掌管天下地圖、邊境防衛工事及鄰國情況的職業情報官。他來到高句麗境內後，以財物賄賂當地官員，廣泛蒐集各類情報。陳大德還遇到不少曾隨隋煬帝遠征高句麗而滯留於高句麗的隋軍士兵，他充分利用這些流離隋兵對家鄉的思念，在對他們講述故國家鄉變化後，伺機向他們套取了許多重要情報，並策反爭取部分人為唐軍間諜。

是年八月，陳大德結束了一個月之久的「出使」任務，返回長安向唐太宗詳細匯報了自己所蒐集的高句麗情報。唐太宗聽後，遠征決心油然而生。西元六四三年，朝鮮半島新羅、百濟兩國與高句麗之間爆發戰爭。新羅王向唐朝請求緊急救援，唐太宗遣使勸高句麗罷兵言和，但高句麗王拒不從命。西元六四五年春，唐太宗決定親督大軍從洛陽出發，遠征高句麗。是年夏，唐太宗大破高句麗軍隊。

本篇旨在說明間諜身分掩護的重要。在外國從事秘密活動的間諜，往往因為遇到以下情況而暴露身分：叛逃者提供秘密情報、對方在間諜情報或反間諜工作中獲得了線索進而被破獲、被檢舉揭發等等，從而使間諜處於危險之中。所以任何一個間諜都需要某種掩護。一是因為間諜活動是隱蔽的、秘密的，需要絕對保密。二是因為掩護能為間諜提供一個站得住腳的合法理由。掩護的辦法雖然多種多樣，但其目的卻始終只有一個：保守間諜活動的秘密，維護間諜的人身安全。

西方情報專家認為掩護是間諜活動的基礎，間諜離開了掩護，其活動就成為空談。蘇聯格別烏的訓練手冊中就曾這樣寫道：「諜報官員利用身分的掩護一般要符合他們的工作範圍，如蒐集政治情報的諜報官員在使館的新聞和文化部門工作；蒐集科技情報的要與技術問題接觸，在使館顧問的手下或商業使團工作；從事國外反諜報工作和僑民活動工作的在領事部門工作。選擇掩護職業，要考慮諜報人員的文化程度、他的政治訓練和專業化訓練情況、工作經驗、個人品質和辦事能力。在這種情況下，諜報官員在和外國人交往中，其舉止言談與其所屬的外交組織中其他非諜報人員相比，就不致有破綻可尋了。」可見間諜的掩護一向是間諜情報機關十分重視的問題。

間諜的掩護一般分為兩種，即「官方」的和「非官方」的，或稱為「合法」的和「非法」的兩種。所謂「官方」或「合法」的掩護，是指間諜情報機關為進行對外間諜情報活動透過官方、半官方的或民間的駐外機構及各種國際組織等，為外派的間諜情報人員提供在目標國或地區的「合法」的理由和身分，從而來掩蓋他們的間諜真面目和從事間諜活動的真正目的。這種身在目標國或地區，以外交人員或駐外人員的合法身分作掩護的間諜情報人員，通常被稱為合法人員。當代世界各國在政治、軍事、經濟、文化等諸方面的交往日益密切、頻繁，外交活動日益擴大。某些國家的間諜常常以外交官身分為掩護進行活動，或者說，其外交活動的本身就是間諜情報活動的延伸。某些國家的駐外機構也就成為掩護間諜的最佳和最安全的場所。在二十世紀七〇年代至八〇年代，甚至冷戰後的今天，西方國家在其主要目標國的駐外機構人員中約有百分之三十是間諜。

至於「非官方」或「非法」的掩護部分，外國情報界通常把情報機構做為進行對外活動，讓外派的情報工作人員利用假護照或假證件等潛入目標國或地區，並謀得一個相對穩定的職業來掩蓋他們的真實面目和真正目的，稱為非官方或非法掩護。非法掩護的間諜又稱「非法代表」或「非法人員」，他們的護照、證件及身世往往不是假的，而是冒名頂替，是更為秘密的間諜。

「官方」或「非法」身分掩護和「官方」或「合法」身分掩護相比，其不同之處如下：

一、「非官方」或「非法」身分掩護，一般都需要很長的時間。因為他必須以一個真實的外國某公民的面目生活在異國，所以必須花費很長的時間來完善他們的掩護身分，同時還要經過數年，甚至長達十幾年的嚴格培訓。利用各種職業掩護的間諜，有時需要潛伏很長時間，少則一、二年，多則幾年才可以執行任務，以保障間諜的人身安全。

二、對「非官方」或「非法」身分掩護的間諜的培訓和派遣與「官方」或「合法」身分掩護的相比，所需費用相對要高，管理和控制也相對困難。由於「非官方」身分掩護人員必須單獨行動，因此，需要給他們提供一定的安全措施和可靠的通訊管道，要支付很大的費用才能保證將其獲得的秘密材料及時地傳遞。

三、以「非官方」或「非法」身分掩護的間諜比以「官方」或「合法」身分掩護的間諜面臨更大的危險、更多的困難。他們不能像外交官那樣享有外交豁免權，要進行間諜活動，常常要付出很大的代價，時刻有被抓、被害的危險，一旦被破獲，常常要被送進監獄，甚至有時被處以死刑。

四、以「非官方」或「非法」身分掩護的間諜要承受很大的心理和精神的壓力。他們除了從事間諜活動之外，還不得不完成其掩護身分所承擔的工作，兩項任務常常讓他們精神異常緊張。

儘管如此，西方和俄羅斯等國仍然相信「非官方」身分掩護的間諜是執行許多秘密任務的最佳人選。美國中央情報局（ＣＩＡ）在冷戰後，在大力提倡人員情報的情況下，更加重視「非官方」或「非法」身分掩護的間諜。近年來，美國中央情報局開始試點，在一個國家建立兩個情報站，一個是以傳統方式隱蔽在大使館內，另一個更為秘密的情報站，主管以「非官方」身分為掩護的間諜。

拾陸、滲透的應用

——《陸氏南唐書·列傳第十八》

【《陸氏南唐書·列傳第十八》中的諜報事件】

南唐開寶初年，有北方南遊的僧侶自號小長老，說是到南方來化緣募款。常持珍貴的寶物賄賂重要人士來支持他傳道。從早到晚進入內宮談論天堂地獄和因果報應的學說，後主聽了很喜歡，稱讚他是真佛出世。小長老穿的衣服都是綾羅鑲金，後主質疑這樣的奢華生活並不符合佛法，小長老回答道：「陛下沒讀過《華嚴經》，怎能知道佛的生活不是如此富貴呢？」並藉此勸說後主多建造佛塔佛像，消耗南唐的財力。又請後主在牛頭山建造上千間佛寺，聚集了上千跟隨者，每天再提供他們豐盛的食物。食物雖然多到吃不完，隔日仍然準備，稱這樣無限制供應食物給僧侶的行為叫「折倒」。其實這樣浪費的行為就是想要製造不祥的耳語，用來動搖南唐的人心。等到宋國大兵渡江，就以這些佛寺做為兵營。

又有北來的僧侶在采石磯這裡立了石造佛塔，他的穿載和飲食都很簡陋，後主和國人想要布施他，都被他拒絕。等到宋國軍隊南下池州，就用這僧侶築的佛塔來造浮橋，這才知道這名僧侶原來是間諜。金陵被包圍，後主召來小長老求助，小長老說：「宋國軍隊雖然強大，但哪能擋得下我的佛力！」於是登上城牆一揮，圍城的宋軍往後退了一些，後主真以為佛力強大，合掌感嘆，賜了許多珍寶給小長老。接著下令所有軍民，齊聲合誦救苦菩薩佛號，念佛號的聲音比江水浪濤還大聲。沒多久宋軍架梯攻打外環城牆，天上降下來的石頭和箭矢像雨一樣。倉皇之間再叫小長老來，沒想到小長老推託身體不適不肯來，這才知道他也是間諜，便把他殺了。小長老的其他徒弟擔心跟師父一樣下場，於是要求披甲上陣和宋軍決一死戰，結果全都戰死殉國。（節錄翻譯自《陸氏南唐書．列傳第十八》）

【事件中的情報觀念探討】

本篇案例發生在宋朝開國之初。西元九七一年，宋太祖滅了南漢。此時，江南最後一個割據政權——南唐已陷入宋軍包圍之中。為順利南下攻取南唐，宋太祖趙匡胤針對南唐多間並用，為征討南唐戰爭提供了良好的保障。如案例中所敘述的號稱小長老以募化為掩護，渡江而來。在見南唐君主李煜時，鼓勵一心向善的李煜多修廟宇，以佛法保佑南唐平安。李煜聽信其言，廣興佛寺，江南財富日空，百姓肩賦負擔日益嚴重。另為了給宋朝渡江的十萬大軍建造浮橋，一僧人受命來到當塗采石磯。虔誠異常的他穿草衣、食野菜、不與官府打交道、不接受他人施贈，許多人都為他對佛事的執著與虔誠所感動。對於李煜託人送給他的衣服、食品，他都婉言謝絕。不久，到處募捐化緣的他在采石磯下修造了一座禮佛石塔。直至宋軍以該石塔為一端修造浮橋時，人們才明白原來他是宋軍的間諜。

本篇旨在說明間諜活動的滲透手段。一個潛入到對方陣營的間諜，最重要的任務就是蒐集情報、竊取秘密。為此，他必須掩護身分，以偽裝的面目逐步打入對方的組織內部，想方設法接近秘密的部位和能接近秘密的核心人物，並使盡伎倆來換取核心人物的信任，從而達到蒐集情報、竊取秘密的目的，這就是滲透。

間諜的滲透不僅僅是為了竊密，透過對目標國、目標地區或目標部門核心人物的接近，來對一些重大的事件施加政治影響，以便控制形勢或進行顛覆、破壞等。這也是間諜滲透活動的宗旨。特別是當代世界各國的間諜情報機關，都十分樂意和善於把自己的間諜滲透到對方社會的上層，從而使這種滲透活動愈來愈呈現出多層次、多管道、無孔不入的發展趨勢。

當代間諜滲透的主要目標集中在：

一、國家的黨政機關及其首腦人物或重要人物。

二、對方間諜情報機關及間諜情報人員，以及這個機關的工作人員。

三、高科技集中的研究單位、生產部門以及從事高科技的科技人員。

四、企業、財團的核心部位及其核心部位的職員。

歷史上對間諜的最早記載，即是間諜滲透的案例。西元前一二七四年，埃及的拉美西斯法老（Pharaoh Rameses）與希泰族（Hittites）之間爆發戰爭。希泰族國王瓦塔利斯（西元前一二九五至一二七二年在位）派了兩名裝扮成逃亡者的間諜滲透混入埃及軍營，命他們設法使法老相信，希泰族的軍隊離埃及的軍營還很遠。拉美西斯聽信了間諜的謊言，愚蠢地讓其部分部隊繼續前進，最終陷入了希泰族軍隊的伏擊圈。正當埃及軍隊步步接近卡疊石（Kadesh），並即將發動進攻的時候，拉美西斯手下的幾個士兵抓住了幾個希泰族的間諜，在嚴刑逼供之下，這些間諜招供說那兩名裝扮成逃亡者的人是希泰族國王派來誤導埃及人的間諜。事實上，大部分希泰族軍隊就潛伏在卡疊石城的背後，靜待埃及人自投羅網。拉美西斯獲此情報，才得以調動其部隊，在著名的卡疊石之戰中躲過了災難。

「滲透」除了用在情報工作中，亦可運用在反諜報，此亦為最有效且成果最為可觀的方式。具體作法為直接「拉出」對方組織內人員，長期安排人員進入該組織潛伏發展。此種滲透方式的操作，以常見的語言表達，就是所謂的「內部奸細（mole）」。由於反情報活動的主要目標是遏制敵人的情報服務和破壞，所以愈早得知其組織的計畫細節愈能成功，此即能透過滲透對手的服務機構或政府高層方式來完成。例如美國前中央情報總監（Director of Central Intelligence, DCI）約翰．麥柯恩（John McCone）在一九六三年時就其在冷戰期間觀察所得指出：「經驗顯示，對付蘇聯集團情報任務的最有效方式就是滲透內部。」此外，成功滲透敵對情報陣營的人員，可能比任何人都更能確定自身服務單位是否已被外界入侵。

滲透至敵方服務單位的方法存在著多種形式。正常情況下，最有效的滲透方式就是招聘潛伏特務人員（agent-in-place）。此人早已經服務於敵人情報機構當中。理想的情況是此潛伏特務身居高位，並且容易受到本國招聘。通常錢是冷戰後最流行的誘餌，然而，冷戰期間的某些外國人，尤其是認為蘇聯情報機構無法滿足人員個人需求、純粹因反共意識形態、或是反對史達林及其他獨裁者，也可能成為接受美國招聘的情報人員，至於金錢則是在冷戰時期逐漸演變成叛國的重要因素。

成功的滲透有如一個情報的金礦，如果招聘成功，潛伏特務的操作往往可以得到卓越的成效，因為此人早已經被其任職的組織所信任，進而可以無阻礙地獲取關鍵機密文件。例如美國中央情報局（CIA）吸收為美國服務的蘇聯軍官奧列格・彭可夫斯基（Oleg Penkovsky），即為著名的案例。

奧列格・彭可夫斯基是蘇聯軍事情報局（Soviet Military Intelligence, GRU）的一名上校軍官，他認為赫魯雪夫（Nikita Khrushchev）正在將蘇聯帶往危險的道路，並最終導致蘇聯亡國。一九六一年，他在訪問倫敦期間，透過秘密情報局（MI6）的情報人員格利維爾・懷恩（Greville Wynne）與英國的情報機構進行了聯繫。之後，他便開始透過英國秘密情報局駐莫斯科情報站站長魯阿里・奇澤姆（Ruari Chisholm）向英國的情報機構提供大量蘇聯的秘密情報。彭可夫斯基提供的文件中有蘇聯的火箭、導彈使用手冊，這些情報幫助美國海軍照相判讀中心辨識出蘇聯部署在古巴可以裝置核彈頭的SS-4和SS-5中程導彈。

彭可夫斯基提供的情報對美國總統甘迺迪（John F. Kennedy）而言極為珍貴。由於知道蘇聯實際部署在古巴的導彈數目並沒有赫魯雪夫吹噓得那麼多，甘迺迪總統堅持到了最後，並贏得與赫魯雪夫之間較量的勝利。因為不想發動戰爭，赫魯雪夫向甘迺迪開放了所謂的「後方通道」——解決古巴導彈危機的期限安排。實際上，這時蘇聯正準備撤出導彈，目的是換取美國不對古巴採取任何敵意行動的承諾。甘迺迪以這些情報作為基礎，與赫魯雪夫展開談判，而赫魯雪夫則靠這種方式找到了臺階，避免在蘇聯強硬派面前失去顏面。

後來彭可夫斯基被蘇聯國家安全委員會（ＫＧＢ）駐華盛頓的兩名雙面間諜傑克・鄧拉普（Jack Dunlap）和威廉・惠倫（William Whalen）出賣。一九六二年十月二十日，ＫＧＢ突襲了彭可夫斯基的住所，搜出一部間諜專用的照相機。彭可夫斯基遭到逮捕並於一九六三年被判處間諜罪遭到槍決。事發之後，奇澤姆被蘇聯驅逐出境，懷恩也在布達佩斯被捕並被帶回蘇聯判以八年徒刑。一九六四年，刑期尚未服滿的懷恩與一位被英國監禁的ＫＧＢ間諜進行交換。

彭可夫斯基先後提供了將近五千份機密文件，這些文件讓西方徹底瞭解蘇聯的軍備和間諜情況。古巴危機得以順利解決，免除一場核武大戰以及甘迺迪總統的聲譽得以保全，部分程度上是得益於蘇聯叛徒彭可夫斯基提供的情報。由於彭可夫斯基傳遞許多重要的科技情報給美國的中央情報局（ＣＩＡ）以及英國的秘密情報局（MI6），甚至在古巴飛彈危機時提供蘇聯飛彈部署的情資，對美國處理該危機發揮重大的作用，因此被美國及英國情報單位稱為「歷史上最佳的間諜」（Best Spy in History）。

拾柒、反間的使用
——《宋史‧韓世忠傳》

【《宋史‧韓世忠傳》中的諜報事件】

紹興四年，韓世忠任建康、鎮江、淮東宣撫使，駐守鎮江。這年，金人與劉豫進行了軍事合作，分兵往南入侵。皇上親筆寫信給韓世忠，要他整飭防備，圖謀進取，信中的言辭十分懇切。韓世忠收到詔書，感動哭泣地說：「主上如此地憂慮，臣子怎敢貪生怕死？」於是領兵從鎮江渡江，叫統制解元守著高郵，等著對抗金的步兵；自己親自指揮騎兵駐紮在大儀鎮，抵擋敵人騎兵，韓世忠令士兵砍樹木築成欄柵在後，自己斷絕自己的退路。

沒多久被朝廷派去出使金國的魏良臣來到，韓世忠故意撤掉炊具，哄騙魏良臣說已接到詔令要退守到長江以南，魏良臣知情後就急忙離去。韓世忠估計魏良臣已入境金國，便立即上馬對將士下令說：「看我的鞭子指向來調動。」先是將大軍重新屯駐大儀鎮，布置五個戰陣，還在二十多處設下埋伏，相約聽到鼓聲即發動攻擊。

魏良臣一到金國陣營，果然金人就問他韓世忠的動向，魏良臣詳細說明了所見到的情況。聶兒孛堇聽到韓世忠打算撤退，非常高興，便將軍隊開到江口，離大儀鎮五里的地方；別將撻孛也率鐵騎從韓世忠所布下的五陣東邊經過。韓世忠傳令揮旗鳴鼓，伏兵從四面八方包圍上來，韓世忠軍旗與金人的旗幟相混雜，金軍混亂，宋軍得以不斷推進。韓世忠的貼身軍士各持長斧，上砍人胸，下砍馬足。敵人就好像穿戴厚重的鎧甲卻陷入爛泥那樣反應笨拙，韓世忠指揮騎兵從四面包圍踐踏，將金人人馬都踩死，還活抓俘虜撻孛也等二百多名敵軍。（節錄翻譯自《宋史．韓世忠傳》）

【事件中的情報觀念探討】

本篇案例發生在南宋，西元一一二七年四月，金兵擄徽欽二宗北去。這就是使南宋君臣扼腕的「靖康之恥」。維持了一百六十八年的北宋王朝宣告滅亡。是年五月，宋高宗趙構即位於南京（河南商丘）。開始了與金的長期對峙。西元一一三四年九月，金兀朮糾集軍隊大舉從泗州渡淮攻宋。本已準備南逃的宋高宗趙構驚恐萬分，急令韓世忠、劉光世等「忠飭守備，圖進取」，但另一方面派出竭力反戰主和的招降派人物魏良臣出使金國求和。議和使臣魏良臣北上到了揚州。韓世忠已接到佈建在金國內部的間諜的密報：為巴結討好金國，魏良臣曾多次故意洩露軍機，意在幫助金兵打敗宋朝軍隊，排擠宋廷中的主戰派。韓世忠便施以「示之以偽情，反間為用」的計策，讓魏良臣傳達金國假的情報，使金國誤以為韓世忠即將退兵，在軍事行動中遭到韓世忠擊潰。

所謂反間，即在敵方掌控的資訊範圍內散佈我方的虛假資訊，使敵方的間諜蒐集進而發送錯誤的情報，並促使敵方決策部門據此虛假情報做出錯誤的判斷，從而為我方的打擊行為贏得主動。意亦即利用敵方間諜給敵人傳遞虛假情報，收買和利用敵方派遣的間諜為我所用；使用反間有兩種方法：一是用金錢、美女收買敵方的間諜，使其自願、主動地為我方工作，同時又給敵方送去假情報或無關緊要的情報。二是當發現敵方間諜時，我方假裝毫不知情，並故意透露一些假情報，誘使敵人上當。《孫子兵法》說：「反間者，因其敵間而用之。」也就是「內間」的延長，這與策反工作有密不可分的關係——運用敵人的間諜以反擊敵人。

反間相當於現代所說的「雙面間諜」、「多重間諜」或「逆用間諜」。其中的「雙面間諜」，常被運用作為送入敵方陣營假情報，以誤導對方的決策與行動的一種方式。所謂雙面間諜表面上為情報機構從事間諜活動，實際上卻被目標國家情報機構控制。這些間諜亦有可能本來是真正的間諜，但在暴露後改而投靠敵營。其也有可能是「搖擺者」（dangles），表面上願意為目標情報機構充當間諜，實際上仍效忠本國。有些人在與敵方情報機構接觸後，向本國的相關機構彙報對方的企圖，隨即受命將計就計，這些類型的雙面間諜行動都以反情報為目的。最簡單的運用是反情報組織透過雙面間諜滲透敵方的掩護機制，確定敵方情報機構負責控制間諜的情報官員身分，從而集中力量監視真正的情報官員，而對那些真正的外交官、經貿官員，只需給予較少的關注。

除辨識敵方情報官員身分外，這些行動也能讓反情報官員瞭解對手的諜報手法。透過雙面間諜，可以瞭解他們的控制者如何將指令傳遞給線人，如何從線人處接受情報，確定會面的地點與時間，避免被發現所採取的防範措施等。簡言之，透過瞭解敵方聯絡其線人的方式及時間，反情報機構可以瞭解敵方的情報手段，從而採取更好的反擊措施。另外，瞭解敵方的諜報手段及情報官員的活動方式，能提高辨識他們的反情報能力。如果敵方情報機構為雙面間諜提供了某種特殊設備，如間諜專用的無線電發射器，即可加以實施檢查，並截收敵方情報官員與其線人之間的無線電通訊。而情報機構亦可從敵方情報機構給雙面間諜下達的指令中，瞭解其情報蒐集重點，從而瞭解敵方思考的重點與方向。

例如在一九四一年，德國情報機構派遣代號「三輪車」（Tricycle）的諜報人員前往美國，身上帶著一份調查表，內容記載的任務是需要瞭解美國駐夏威夷軍事設施的詳細訊息。「三輪車」將調查表交給了聯邦調查局（FBI），但FBI完全沒有意識到調查表潛在的重要性。如果美國情報系統能夠更加警覺，或許就能利用該訊息預測到日本對珍珠港的襲擊。此外，如果敵方情報機構對一個看起來很重要的領域不感興趣，就說明敵方在此方面可能已經擁有了良好的情報來源，這可以為反情報調查提供重要線索。

除可透過雙面間諜獲取敵方情報機構的訊息、運作方式及情報蒐集的重點外，還可透過雙面間諜對敵方情報機構的行動實施某種控制。如果敵方機構相信它有一個間諜能接觸到某特定情報，它就不會費心去招募另一個間諜。透過影響情報機構的行動方向，雙面間諜就能對某個重要的情報區域實施保護。而管理雙面間諜也會耗費敵方情報官員大量的時間和精力，從而減少了其招募和控制真正間諜的資源。此外，雙面間諜可為觀察敵方情報機構的行動提供一個窗口，這也能使反情報機構成功策反其他雙面間諜，並接觸敵方情報機構特別想獲得的訊息。

但為了保證自身獲得信任，雙面間諜顯然必須向其原控制者提供某些訊息。通常，此問題的解決方式是提供一些表面上涉密，實際上無足輕重的情報。另外，雙面間諜也可以提供一些真實而重要的訊息，但其實敵方情報機構已經從其他管道獲得此類訊息。在這些情況下，反情報機構就必須在保證雙面間諜取得信任所獲得的利益，與交付敵方情報所引起的危害之間保持平衡。反情報機構的目標是在不引起敵方情報機構懷疑的情況下，儘可能減少提供有用情報。一個更大膽的方法是巧妙地將真實情報與誤導性情報加以混合，由雙面間諜提供給敵方加以誤導，這將可控制敵方的情報蒐集與分析能力，此種方式回報豐厚，但任務相當艱鉅。

然而雙面間諜的運用不僅昂貴而且費時，此類間諜的忠誠度也極不穩定，所以經常發生被出賣的情事。雙面間諜的運作也較為冗長且缺乏顯著的效果，此乃因為現有的文件必須不斷地與新的訊息相互查證。此外，將可信文件交予雙面間諜，以保持其獲得對方信任，此亦相當不易，且必須讓對手信以為真，故為了讓假文件獲得信任，真實的文件也必須經常傳送給雙面間諜。然而，由於情報機構通常不願將機密情報交至敵方手上，導致這種方式成為一種緩慢且具有爭議的行動。

拾捌、情色的運用

——《吳越春秋．勾踐陰謀外傳、勾踐伐吳外傳》

【《吳越春秋．勾踐陰謀外傳、勾踐伐吳外傳》中的諜報事件】

越王十二年，越王問大夫文種：「我聽說吳王好色成性，沈迷女色和杯中物，不管政事，從他這個弱點著手，能成事嗎？」文種說：「可以利用他這個人格缺陷。吳王這麼好色，他身邊的宰嚭又是個會揣摩上意的佞臣，我們把美女獻上，他們一定接受，越王您可選擇二位美女來進獻。」越王說：「好，就這麼辦。」

於是命令懂得評斷美貌的人到國中尋找美女，在苧蘿山樵夫家找到他的女兒，一個叫西施，一個叫鄭旦。讓他們穿上輕柔華美的衣物，教他們從容阿娜的步法，再讓他們到地方鄉鎮及市區街上去學習如何察言觀色。三年學會這些之後便將他們送到吳國去。

再請越相國范蠡勸吳王說：「我越王勾踐私底下得到二名別人貢獻來的美女，越國低賤，實在不敢將美女留下來自己享用，恭敬地派遣微臣將他們帶來獻給您。希望您不要嫌棄他們醜，留他們下來幫忙打掃環境也是可以的。」吳王看到美女，心情好到不行：「越國送了二位美女來，這證明了勾踐是很忠於吳國的呀！」

伍子胥知道了進諫言：「美女不能收呀！大王。我聽說沉迷聲色享樂會讓人眼不見、耳不聽。當初商湯打敗夏桀、文王打敗商紂就是因為後者沉迷女色。大王如果接受，眼看災難就要來到。我還聽說越王每天從早到晚都在讀書進修，而且招兵買馬，得到敢死之士數萬人，越王一天不死，他想向吳國報仇的願望有一天會實現；越王還實踐仁義，招賢納諫，越王一天不死，他的聖君美名有一天能成真；越王以痛苦提醒自己，夏天蓋毛裘被子熱自己，冬天穿粗布衣冷自己，越王一天不死，恐怕會成為吳國最大的敵人。我還聽說只有人才才是國家之寶，美女會導致國家滅亡：夏朝亡國就是妹喜害的，殷朝亡國就是妲己害的，周朝亡國就是褒姒害的。」但吳王不聽，還是收受了越王進獻的美女。

……范蠡鳴鼓進兵，他對吳國使者說：「越王已把所有軍事計畫全都交辦完畢，您快回去吧！不然不曉得什麼時候會得罪失禮於您。」吳國使者於是哭著離開。勾踐可憐吳王，派使者去跟吳王說：「我將您安置在甬東，給您君后三百餘戶人口，讓您安享餘年，如何？」吳王回絕說：「老天爺降下兵禍到吳國，不在我之前也不在我之後，就在我為王時發生，這是我自己滅絕了自己的宗廟社稷。吳國的土地和臣民都已為越國所有，我老了，實在不能向您稱臣。」於是拔劍自殺。（節錄翻譯自《吳越春秋‧勾踐陰謀外傳、勾踐伐吳外傳》）

【事件中的情報觀念探討】

春秋末期，吳越爭霸，越軍大敗，越王勾踐向吳王夫差乞降。吳王夫差不聽大夫伍子胥「殺掉勾踐，以絕後患」的勸告，允許越國投降，把勾踐夫婦和越國大夫范蠡囚禁在姑蘇虎丘，為夫差養馬。勾踐君臣含垢忍辱，使夫差以為他們已真心臣服，三年後就把他們放回了越國。勾踐回到越國後，立志復國。但當時越國的軍事實力遠遠不敵吳國。勾踐在訓練軍隊、發展農業的同時，決定派間諜到吳國內部進行活動，西施就是在這樣的背景下登上了歷史舞台。他是中國歷史上最早的一位政府機構培養的「間諜」人物，也是越王勾踐專門培養出來奉獻給敵國的禮物。

一切準備就緒，范蠡帶西施入見夫差，夫差見了西施，以為是仙女下凡，魂魄俱醉，不聽伍子胥的勸告，把西施納入後宮。西施不辱使命，她使出渾身解數讓吳王寵愛並聽信她的話，終日沈溺於歌舞聲色中，不再上朝聽政。伍子胥若求見，吳王便會想法拒絕。為了讓吳王成為無道之君，荒廢國事，西施還拉攏收買奸詐、貪婪的吳國大夫伯嚭，經常與西施一起向吳王說越國的好話，並一起慫恿吳王伐齊，夫差聽從了二人的話。結果，初次伐齊吳王僥倖勝利，一向與伍子胥有嫌隙的伯嚭乘機挑撥吳王和伍子胥之間的矛盾，吳王中計賜伍子胥自殺，並提拔伯嚭為相國。這時，勾踐交代的三大任務，西施已基本完成。夫差流連於美色而荒廢國事，對齊用兵削弱國力，更重要的是失去國家棟樑伍子胥。而伍子胥的死，讓勾踐看到攻打吳國的時機到了。西元前四八二年夏，越國伐吳，吳國潰敗，夫差被活捉，他不堪忍受投降的侮辱而自盡。

本篇旨在說明間諜活動中「情色」手法的運用。情色誘惑和間諜活動歷來緊密相連，它作為間諜活動的一種最古老的謀略手段，至今仍被廣泛應用。在間諜世界，色情誘惑又稱色情諜報，這是用異性的魅力作誘餌，設置種種圈套，拉人下水，從而達到某種預定目的的一種諜報手段。色情諜報最主要的任務就是誘惑頭腦不清的情人洩漏秘密，從而達到蒐集情報的目的。那些從事色情諜報的男女統稱情色間諜。

到了現代，把情色誘惑和謀取情報結合在一起的做法，早已被更複雜的圈套所翻新，色情諜報已不單是用來蒐集秘密，而更成為招募、滲透、策反的一種慣用手段，甚至被作為一種訛詐伎倆而大派用場。某些間諜情報機關苦心設置種種情色圈套，迫使被玩弄了感情的捲入者就範。那些入了圈套的人為了維護個人的名譽，不得不去幹違心的事情。例如「燕子」和「烏鴉」，是蘇聯格別烏男女情色間諜的別稱。他們專職追逐某些國家的政府要員、高級軍官、外交使者、科學家、掌管國家秘密的機要人員和間諜情報機關的工作人員。

學者聞東平認為，自古以來，諜報戰線的三大法寶就是金錢、女色、成就感和冒險慾望，數者併用的招募成功率自然更高。首先是接近，隨後以金錢、女色等利誘之後就是威逼。例如蘇聯情報單位在利用「燕子（swallows）」引誘孤獨的西方官員上，即獲得許多成功的案例。所謂「燕子」都是接受過西方教育且訓練有素的蘇聯女性情報人員，她們的工作就是引誘粗心或受性欲控制的西方人，再讓ＫＧＢ對這些不知情且不幸的受害者進行拍攝。最後這些照片將讓這些西方外交官逼迫其與蘇聯進行「合作」的關係，否則這些證據將會交給受害者任職的使館。

另外發生在一九九三年的一個著名案例是蘇聯ＫＧＢ的「烏鴉」成功勾引挪威前首

相基哈德森的妻子佛娜，使她心甘情願地為ＫＧＢ提供情報。佛娜思想左傾，對蘇聯一直有好感。她在五〇年代擔任挪威工黨青年團的領導人，曾發起和蘇聯共產主義青年團結為姊妹團體的活動。當時的歐洲，華約與北約兩大集團作為冷戰的產物而互相抗衡。挪威於一九四九年加入北約組織，並且是創始國之一。但是挪威對北約集團的一些做法持保留態度。這使蘇聯產生了從首相夫人入手打開北約缺口，引導挪威執政黨工黨政府脫離北大西洋聯盟而中立的戰略想法。

一九五四年，挪威首相夫人佛娜率領一個青年友好代表團訪問蘇聯。於是他們決定利用這個機會，用「烏鴉」來色誘這位首相夫人。一位叫貝爾雅可夫的「烏鴉」充當此次行動的主角，他被安排在佛娜的友好代表團中充當導遊，負責接待工作。他服務周到熱情，很快贏得了首相夫人和代表團的好感。在代表團結束訪問即將離開蘇聯的前一天晚上，貝爾雅可夫盛情邀請首相夫人到他的房間去並發生關係，而這一切都被安裝在房間裡的竊聽器和特殊的遠紅外線攝影機記錄下來。為了抓住佛娜這條大魚，蘇聯ＫＧＢ把貝爾雅可夫派往蘇聯駐挪威大使館工作，以方便兩人就近幽會。而貝爾雅可夫也從佛娜身上獲取許多有價值的情報，使得蘇聯當局對挪威在北約集團中的地位、它在聯合國組織中的作用以及一些國際事務中可能採取的立場、挪威國會權力結構的變化和發展等情況有了更多的瞭解，就此而言，貝爾雅可夫成功地進行了一次「色誘」行動。

拾玖、策反的施用
——《新唐書·李愬傳》

【《新唐書·李愬傳》中的諜報事件】

李愬性情沉穩而勇猛，又善於謀劃。他誠心對待士卒，所以能夠使原本力量弱小、沒士氣的士兵振作起來，因此常能出乎敵人意料外地出擊得勝。休養了半年，李愬覺得兵力士氣已經可用，於是將武器修整好，準備要偷襲蔡州。一開始抓獲了敵將丁士良，召他入帳中說話，發現丁士良說話一點也沒有敗將的樣子，李愬知道他不簡單，於是解開了他的束縛。丁士良感激之餘說：「賊將吳秀琳手下有數千軍士，沒辦法一下子就打敗他。我能幫你勸降他。」李愬同意他的建議，果然當年十二月，吳秀琳就率三千軍士來降。李愬於是令吳秀琳的軍隊去攻打吳房縣，果然把縣城外的土地都給收復了，打了個大勝仗。有人勸李愬乾脆把吳房縣城給一起打下來，李愬說：「拿下吳房縣，反倒讓敵軍把所有兵力都收回老巢固守，不如留一個縣城讓他們分散兵力。」

當初吳秀琳投降時，李愬一個人騎馬出營寨迎接他，還親自解開他的束縛，讓他出任衙將。吳秀琳十分感激，想要報恩，於是建議說：「如果要打敗蔡州的叛軍，沒有李佑，光靠我無法成功。」李佑，是敵軍中驍勇的將領。李愬探聽到李佑在興橋寨守護莊稼，常侵擾官兵，來去如神，很來難防備他。李愬於是將史用誠叫來說：「現在李佑率眾在張柴收穫了一批麥子，你率領三百名精壯的騎兵埋伏在旁邊林中，在前方搖旗吶喊，再讓士卒裝作要放火燒莊稼的樣子，李佑本來就很看不起我們的軍隊，一定會輕敵來追，你再安排騎兵包圍起來抓捕他，肯定手到擒來。」史用誠果然用了此計將李佑抓了回來。李愬解開了李佑的束縛，還以賓客之禮對待，並任用他當散兵馬使，還同意他可以在營中佩刀巡邏，自由出入帥帳，對他完全沒有半點猜疑。李愬有空就召李佑前來，摒去他人，私下詢問，常一聊就聊到半夜。因此李愬更加瞭解敵軍的實力。（節錄翻譯自《新唐書．李愬傳》）

【事件中的情報觀念探討】

本篇案例與唐朝李愬有關。安史之亂後，各地軍閥割據藩鎮，對中央王朝構成了極大威脅。唐代宗及唐德宗都曾下令削藩，但最後均告失敗。這時，有謀略、善騎射且深諳間術的太子詹事李愬毅然上表，自請擔負剿滅淮西叛軍的重任。唐憲宗並任命其為唐隋鄧節度使，以總督淮西作戰。當時為反擊各藩鎮勢力的間諜攻勢，唐朝有法章規定：「舍賊諜者，屠其家。」李愬至唐州上任後，下令廢止了這條反間規定，並命令所部官員對所捕獲的敵方間諜採取寬容厚待政策。百姓們見李愬如此仁愛，紛紛主動揭發敵方間諜。而敵軍間諜為李愬的仁愛之心所感動，不斷有人主動歸降，為李愬提供敵方的內幕。丁士良、吳秀琳以及李佑，均受到李愬的策反為其效力，讓李愬更加瞭解敵方的情報與實力。

策反也是間諜活動的一種謀略手段，歷來兵家多認為用己不如用友，用友不如用敵。岳武穆也有名言：「因敵之將，用敵之兵，奪其手足之助，離其心腹之援。」（《宋史．岳飛傳》）以策反的工作在敵人內部分化敵人，在敵人內部瓦解敵人，這種使敵人從「內敗」而至「外敗」的做法，較之以軍事作戰而取勝者，不知要高明多少倍。

透過策反的方式，深入敵對一方的內部，採用政治影響、物質引誘、色情勾引、栽贓陷害、尋找把柄等種種計謀，秘密進行策動，使敵對一方的間諜或工作人員反叛過來，為己所用。這種反叛過來的間諜或工作人員，被孫子稱之為「反間」。孫子在其〈用間篇〉中說：「反間者，因其敵間而用之。」意思是說，反間，就是誘使敵方的間諜為我所用。這種用間思想一直被古今中外諜報專家廣泛運用。

策反既是招募間諜的一種高級手法，也是反間諜競爭中清除間諜的有效手段，更是間諜滲透的一種高級表現形式。一般地說，哪裡有間諜的滲透，哪裡就一定有策反活動在秘密進行；反過來講，哪裡有人被敵對一方間諜機關策反了，哪裡就一定有間諜在滲透。在當代間諜與反間諜的的競爭中，策反活動有時是為了對某一關鍵人物或重要事件施加影響，有時是為了對某種政治形勢進行控制，有時是為了給某種勢力培養心腹，而更多地則是為了蒐集秘密情報（即竊取秘密）。

至於策反工作所遵循的原則是因人而宜，投其所好。對待重感情者，特別是渴望得到感情的人，首先讓其墜入情網，使其不能自拔，然後再唆使其反叛；對待崇尚政治信仰者，則設法使其放棄自己原有的信仰，甘願為對方的事業獻身；對貪圖錢財者，誘之以利；對注重名聲者，則以毀譽威脅。

例如我國在二〇一一年即曾發生一件高階軍官遭到對岸中共策反的案例，當時擔任國防部現役的陸軍司令部通信電子資訊處處長羅賢哲少將，洩漏極機密資料如美國對臺軍售的「博勝案」等機密資料給大陸，讓國軍防衛戰力出現空前威脅。羅賢哲坦承自二〇〇四年被大陸「吸收」後，長達七年期間，陸續將臺灣軍事機密，以每次十萬到二十萬元不等的代價，分批賣給中共，不法獲利高達五百萬元。洩漏的極機密資料包括「博勝案」、陸軍戰術區域通信及戰場影像圖資管理系統的「陸區案」、「安捷專案」等七項機密資料，其中有陸軍埋在全臺灣地下化光纖通信網路分佈圖。經查羅賢哲駐泰期間，受大陸情報人員設計，被拍攝與歡場女子性交易過程。因受到威脅，怕照片被公開，影響其升遷與家庭，於是甘願配合將軍事機密出賣給海峽對岸。

貳拾、欺騙的活用
——《三國志．吳書．周瑜傳》

【《三國志．吳書．周瑜傳》中的諜報事件】

當時劉備被曹操打敗，帶兵要來渡過長江，在當陽遇到魯肅，想要與吳一起合作，於是劉備駐兵在夏口，派出諸葛亮拜見孫權，孫權於是派周瑜及程普等人和劉備合力對抗曹操，雙方在赤壁對峙。

當時曹操軍隊已經有了水土不服的毛病，一接戰，曹操軍隊就敗退，回到長江北岸去列陣。周瑜等人則駐紮在長江南岸。周瑜手下將領黃蓋說：「現在敵人人多我方人少，恐難打持久戰。我看曹操軍艦首尾相接，可以用火攻打敗他們。」於是集合了蒙衝鬥艦數十艘，裡面裝滿薪草，再將膏油灌到裡面去，外面用帷幕層層包好，上面再樹上牙旗，先派人送信給曹操，騙他說黃蓋要投降。

《江表傳》裡面記到黃蓋的降書是這麼寫的：「我受到孫家的照顧，一直擔任將領，孫家對待我也確實是好。但看天下大勢的變化，想要用江東六郡和山越這些人來對抗中原南下的百萬軍隊，寡不敵眾，這是明眼人都看得清楚的事。東方文官武將，不管聰明的或是笨蛋，都知道不可能以少擊多，只有周瑜和魯肅見識太淺而魯莽，搞不清楚這其中的利害關係。今天我來投降，才是腳踏實地的做法。周瑜所率領的軍隊，是很好打敗的。對戰的當天，只要讓我當前鋒，我一定能看清軍情的變化，很快地就能為您效命。」曹操特地面見送降書的使者，私底下問他，還要他傳口訊說：「我只怕黃蓋講的是假的，如果他說的是真的，我當然要好好獎賞他，絕對超過孫家給他的對待。」曹操另外準備了輕便的走舸戰船，繫在大船後面，其它戰船的列陣則一如從前。

此時曹操的軍士各個都伸長脖子看著黃蓋投降，看得出神。沒想到黃蓋投降時把所有火船全都放出並同時點火。當時風勢很大，這些火船不僅燒了曹操水軍，還延燒到岸上曹軍陣營裡。沒一下子，煙火都竄上天，人馬燒死溺死的很多，曹軍最後被迫回防南郡。（節錄翻譯自《三國志．吳書．周瑜傳》）

【事件中的情報觀念探討】

西元二〇八年十月，在攻下戰略要地荊州後，曹操率八十萬大軍向佔有江東的孫權集團發動進攻。在吳蜀水軍的聯合阻擊下，曹操大軍因不習水戰，且內部瘟疫蔓延，最後不得不敗退江北，在赤壁（今湖北鄂城附近）與吳蜀軍隊隔江對峙。因曹營將士大多從北而來，水土不服，江上風浪的顛簸更是令其經受不住船上的征戰生活。於是，曹操下令用鐵環把戰船連接起來，並鋪上厚實的木板以盡量減少船體因江中風浪而起的搖晃。

周瑜洞察到曹操急於結束戰事的心理，於是便設計暗令黃蓋向曹操詐降。經一番事前鋪陳準備（如周瑜以軍法鞭笞假意抗命的黃蓋）後，黃蓋寫了一封降書，派人秘密送往曹營，讓曹操打消了對黃蓋的懷疑，並與該密使約定了受降的時間與信號。黃蓋得知詐降成功後，便命人於數十艘蒙衝鬥艦上裝滿灌上膏油的柴草，外面蒙上帷幕，豎上信號牙旗，於約定深夜，率這支火攻艦隊，悄悄駛出江東營地，往北岸急奔而去。……東風一起，黃蓋變臉，於是火烈風猛，燒盡北船，延及岸邊曹營。周瑜乘機「率輕銳尋繼其後，擂鼓大進」，曹軍「煙炎張天，人馬澆溺死者甚眾」。曹操因部隊傷亡過重，不得不暫時放棄遠征江東的戰略企圖，率師敗退。此役之後，孫權進一步鞏固了江東，而劉備則藉機求得了進一步發展，三國鼎立的天下大勢因此成形。

本篇旨在說明間諜活動的「欺騙」手段。弄虛作假的欺騙行為在人們平常的社會生活中是一種備遭譴責和不道德、不足取的行為，但在詭計多端的間諜活動領域，它卻作為一種最典型和最常用的謀略手段而大受青睞。這種弄虛作假的五花八門的欺騙行為在諜報界通稱為情報欺騙。

情報欺騙作為一種謀略手段，古已有之。中國古代著名軍事家孫武把它稱為「詭道」，韓非子把它稱為「詐術」，曹操把它稱為「詭詐」。在西方，以治軍嚴明著稱的美國名將巴頓（George S. Patton）將軍稱之為「詭計」。第二次世界大戰時的納粹名將、號稱「沙漠之狐」的美隆爾（Erwin Johannes Eugen Rommel）稱之為「欺騙措施」。

情報欺騙的主要內容大致包括製造假情報、編造謊言、謊報軍情以及在戰爭中使用「蒙蔽戰術」等。在情報欺騙的運用上，它主要表現在：

一、在複雜的國際關係中，施展政治、經濟、外交等多方面的情報欺騙。

二、經由現代化新聞媒體傳遞假情報和失真消息，誘使對方上當受騙。

三、憑藉先進的科學技術隱真示假，迷惑對方，使其落入陷阱，上當受騙。

四、在戰爭中實施「蒙蔽戰術」，向敵方傳佈假消息，牽制敵方軍隊的移動，從而達到轉變戰局的目的。

在情報欺騙中，編造、傳播散佈假情報，藉以欺騙或損害對方，這不僅是間諜活動最常見的謀略手段，同時也是最典型的情報戰術。所謂假情報，是指間諜情報機關有意製造出的迷惑和欺騙敵人、離間或破壞敵方內部團結的虛假情報。很多國家，特別是前蘇聯、美國等國的間諜情報機關都十分重視和善於運用這種手段。它們精心製造假情報，透過各種管道傳播出去，使對方不知不覺地落入圈套。而製造、散佈假情報以及對假情報的判別，正是敵雙方戰略交鋒的序幕。在一定環境條件之下，敵對或交戰的雙方，互相猜測、試探，互傳假情報，進行著看不見的「鬥智」，常常是現代間諜戰中複雜繽紛的獨特景觀。

而在「反間諜」工作上，欺騙亦是一種重要的操作方式。所謂欺騙就是努力誤導敵方對政治、軍事和經濟局勢所進行的情報分析，使其對局勢形成錯誤判斷，引導它採取有利於我方而非它自身的行動。由於欺騙以挫敗敵方情報行動為主要目標，因此它也被當作一種反情報方式。此外，它也經常涉及反情報手段，如雙面間諜的運用。

欺騙和情報失誤是相互關聯的兩個概念。一方欺騙成功就意味著對方的情報失誤。欺騙可用於戰時，也可用於平時，但在戰時更為常見。欺騙的內容（一方希望其對手形成錯誤的觀點）顯然取決於當時的形勢，以及欺騙方希望敵方將如何作出反應。在和平時期，欺騙所要達成的目標則不甚明顯。欺騙者可能希望敵方確信其實力比實際強大，誘導敵方迫不得已作出政治讓步。另外，欺騙者也可能希望隱藏自己的軍事實力，使敵人產生自滿情緒，而忽略軍事力量的增強。如果其軍備受制於軍控條約，則欺騙的目標可能是隱瞞其違反條約的行動，以引導對方繼續遵守條約，限制自己的軍備。

此外，欺騙的操作也與滲透（內部奸細）或雙面間諜關係密切。操作欺騙的手段就是企圖給敵人一個假象，使其採取違背自己利益的行動。所以內部奸細和雙面間諜都可以同時做為情報蒐集和欺騙的角色。另一種欺騙手法則是允許一個敵對的外國間諜滲透進入自國的情報服務機構，然後再謹慎地給予此人一些錯誤的訊息，進而傳入敵人手上，誤導其對局勢的判斷。

第二次世界大戰期間即曾發生兩個著名的「欺騙」案例。第一個案例是「馬丁少校案」。一九四三年二月，盟軍將德軍趕出非洲後，決定在歐洲開闢第二戰場，並計畫在西西里島登陸。為欺騙德軍將注意力轉移至別處，減弱其對西西里島的防禦，英國情報機關秘密尋找一具與溺水病理特徵相似的死屍，並捏造其身分為「英國海軍陸戰隊馬丁少校」，隨後將屍體以潛艇運送棄置於西班牙領海。「馬丁少校」被西班牙漁民發現後隨即被交至警察機關，由於當時西班牙暗中與德國人合作，「馬丁少校」身上的盟軍登陸薩丁尼亞島以及佯攻西西里島的計畫火速被送至德國情報機關與高層。希特勒信以為真，將部隊移防至薩丁尼亞島及希臘。一九四三年七月九日盟軍登陸西西里島，希特勒仍認為是佯攻。八月十七日盟軍贏得西西里島陸戰的勝利，打開登陸歐洲的大門。

另一個案例是「盟軍諾曼地登陸」。一九四三年十一月二十八日，美國、蘇聯和英國三國領袖在德黑蘭會議當中共同商討具體作戰事宜，最後做出了一系列的決定，攻打歐洲登陸戰的突破處選定在法國諾曼地（Normandy），最高統帥為美國艾森豪（Dwight D. Eisenhower）將軍，整個作戰計畫稱為「霸王行動」。為欺騙德軍，一場間諜戰因此開打。德國人早就知道盟國要攻打歐洲，因此已經下令其間諜人員蒐集和提供相關的細節情況。為了保護這次攻擊行動，盟國利用雙面間諜向德國提供了一系列似是而非的假情報，其中主要有盟國偽造的「安定北方」計畫和「安定南方」計畫，前一份計畫中，盟國將在挪威發動兩棲登陸行動，後一份計畫中，盟國在法國北部的加萊港（Calais）登陸，而不是後來實際登陸的地點諾曼地。

除了使用雙面間諜外，盟國還透過發送虛假無線電報和進行物理偽裝（包括假登陸艇和假坦克等）等製造假象，讓德軍誤以為實力強大的「美國第一集團軍」正部署在英格蘭東南方。假電報還表明，這是「安定南方」計畫的一部分，代號為「快速閃亮行動」。其實，所謂的由喬治・巴頓（George S. Patton）將軍負責指揮編成十一個師的「美國第一集團軍」完全是虛構的。以為已經把盟軍作戰意圖看透的德國人暗自慶幸，開始密切關注起這支「美國第一集團軍」。在此同時，英國又將數位雙面間諜巧妙地安插進德軍情報部門，憑著英國情報機構精心準備的一批情報，這批間諜不斷地向德軍發出關於第一集團軍最新動向的密報，並將集團軍的兵力部署、配置透露給德國人。

一九四四年六月六日清晨，諾曼地登陸戰役正式開戰。六月八日午夜左右，為吸引德軍最高司令部的注意，英國臥底在德軍情報部門的間諜發送了一份緊急電報，指稱巴頓的「美國第一集團軍」尚未離開英格蘭東南部，所有跡象顯示，「諾曼地登陸」計畫僅是為了轉移德軍的注意力，盟軍的主攻方向仍然是加萊。這份電報於六月九日晚抵達德軍最高司令部，而幾個小時之前，德國軍事情報局派駐在斯德哥爾摩（Stockholm）的間諜傳來的情報亦指稱同樣的情況。根據這些情報，德軍最高司令部中止了黨衛軍第一裝甲師向諾曼地的調動部署，並將其派去增援在比利時的德國第十五集團軍。為了應付「美國第一集團軍」的攻擊，所有這些德國部隊都被調離了諾曼地戰場，盟軍最終取得了諾曼地登陸戰役的勝利。

參考及徵引文獻（按姓名筆劃排序）

一、中文部分

1.于彥周，二〇〇五。《間諜與戰爭——中國古代軍事間諜簡史》。北京：時事出版社。
2.江河，二〇〇七。《間諜——歷史陰影下的神秘職業與幕後文化》。哈爾濱：哈爾濱出版社。
3.朱海峰，二〇一二。《史上被封殺的臥底事件》。北京：石油工業出版社。
4.杜陵，一九九六。《情報學》。桃園：中央警官學校。
5.宋筱元，一九九八。〈情報研究——一門新興的學科〉，《中央警察大學學報》，第33期。
6.宋筱元、紀光陽，二〇〇七。〈論孫子兵法中的情報決策觀〉《警學叢刊》，第三十七卷第四期。
7. 宋筱元，一九九九。《國家情報問題之研究》。桃園：中央警察大學。
8. Hamilton, Edith著、宋碧雲譯，二〇〇三。《希臘羅馬神話故事》。臺北：志文出版社。
9. 汪毓瑋，二〇〇三。《新安全威脅下國家情報工作研究》。臺北：遠景基金會。
10. 李化成，二〇〇〇。〈從「國防二法」論我國軍事安全機制〉，「八十九年軍事安全學術」研討會，臺北：國防部總政治作戰部。
11. 李大光、余洋，二〇一一。《世界四大間諜組織機構內幕》。北京：臺海出版社。
12. 林明德，二〇〇四。《從美國韓森間諜案探討反情報工作應有作為》。中央警察大學公共安全研究所碩士論文。
13. 林嫈旻，二〇一四。《史諾登事件對美國人權影響之研究》。中央警察大學公共安全研究所碩士論文。
14. 果敢，二〇〇七。《實用情報英文》。臺北：書林出版有限公司。
15. 施伯恩，二〇一三。《間諜的故事II》。新北：新潮社文化事業有限公司。
16. 桂京山，一九七七。《反情報工作概論》。桃園：中央警官學校。
17. 海野弘著、蔡靜、熊葦渡譯，二〇一一。《世界間諜史》（A History of Espionage）。

北京：中國書籍出版社。
18. 孫武原著、司馬志編著，二〇一四。《孫子兵法全書》。新北：華志文化事業有限公司。
19. 張中勇，一九九二。〈情報分析與決策過程問題之研究——一個社會心理學之觀察〉，《中央警察大學警政學報》，第二十一期。
20. 張中勇，一九九三。《情報與國家安全之研究》。臺北：三鋒出版社。
21. 張中勇，二〇〇〇。〈情報的基本概念〉，林茂雄、林燦璋合編，《警察百科全書（七）刑事警察》。臺北：正中書局。
22. 張中勇，二〇〇〇。〈國家安全情報活動的要素與實踐〉，林茂雄、林燦璋合編，《警察百科全書（七）刑事警察》。臺北：正中書局。
23. 張中勇，二〇〇〇。〈當代國家安全情報組織的任務需求、調適與發展〉，林茂雄、林燦璋合編，《警察百科全書（七）刑事警察》。臺北：正中書局。
24. 張中勇，二〇〇〇。〈國家安全情報組織的發展與現況〉，林茂雄、林燦璋合編，《警察百科全書（七）刑事警察》。臺北：正中書局。
25. 張殿清，二〇〇一。《情報與反情報》。臺北：時英出版社。

26. 張殿清，二〇〇一。《間諜與反間諜》。臺北：時英出版社。
27. 楊易唯編譯、朱逢甲著，二〇〇六。《間書》。臺北：創智文化有限公司。
28. 楚淑慧主編，二〇一一。《世界諜戰和著名間諜大揭密》。北京：中國華僑出版社。
29. 聞東平，二〇一一。《正在進行的諜戰》。紐約：明鏡出版社。
30. Volkman, Ernest著、劉彬、文智譯，二〇〇九。《間諜的歷史》（The History of Espionage）。上海：文匯出版社。
31. Kent, Sherman著、劉微、肖皓元譯，二〇一二。《戰略情報——為美國世界政策服務》（Strategic Intelligence for American World Policy）。北京：金城出版社。
32. 鄭介民，一九五八。《軍事情報學》。臺北：國家安全局。
33. 閻晉中，二〇〇三。《軍事情報學》。北京：時事出版社。
34. 蕭銘慶，二〇一二。〈間諜行為成因與防制對策之探討〉，「第十五屆公共安全學術——情報與非傳統安全」研討會。桃園：中央警察大學。頁三十五。
35. 蕭銘慶，二〇一二。〈論情報決策失敗——以二〇〇三年美國入侵伊拉克行動為例〉，《國防大學政治作戰學院復興崗學報》，第一〇二期。
36. 蕭銘慶，二〇一四。《情報學之間諜研究》。臺北：五南圖書出版公司。

二、英文部分

37. Burch, James., 2010. "Accessing the Domestic Intelligence Model and Process"in Logan, K. Gregory. Homeland Security and Intelligence. Santa Barbara, California: Praege.

38. Collier, Michael M., 2010. "Intelligence Analysis: A 911 Case Study" in Logan, Keith G. Homeland Security and Intelligence. California, US: Praeger.

39. Crowdy, T., 2006. The Enemy Within: A History of Spies, Spymasters and Espionage. Oxford, UK: Ospray Publishing Ltd.

40. Hitz, Federick P., 2008. Why Spy? Espionage in an Age of Uncertainty. New York: St. Martin's Press.

41. Hulnick, Arthur S., 1999. Fixing the Spy Machine. US: Praeger Publishers.

42. Johnson, Loch K. and Wirtz, James J., 2011. Intelligence: The Secret World of Spies. New York: Oxford University Press.

43. Kahn, D., 2009. "An historical theory of intelligence" in Gill, Peter (eds.) Intelligence Theory: Key Questions and Debates. London, UK: Routledge.

44. Keithly, David M., 2010. "Intelligence Fundamentals"in Logan, K. Gregory. Homeland Security and Intelligence. Santa Barbara, California: Praeger.

45. Redmond, Paul J., 2011. "The Challenge of Counterintelligence" in Johnson, Loch K. and Wirtz, James J. Intelligence: The Secret World of Spies. New York: Oxford University Press.

46. Shulsky, Abram N. and Schmitt, Gary J., 2002. Silent Warfare: Understanding the World of Intelligence. Washington, D.C. Potomac Books, Inc.

47. Sibley, Katherine A. S., 2007. "Catching Spies in the United States" in Johnson, Loch K. Strategic Intelligence 4——Counterintelligence and Counterterrorism: Defending the Nation Against Hostile Forces. London: Greenwood Publishing Group Inc.

48. Tailor, Stan A. and Snow, D., 2011. "Cold War Spies: Why They Spied and How They Got Caught"in Johnson, Loch K. and Wirtz, James J. Intelligence: The Secret World of Spies. New York: Oxford University Press.

附錄：情報故事原文

《夏商野史‧第九回》節錄

卻說夏后相之四年丙戌，賊羿既篡位，后相奔出，依商侯而居。相土儉樸，不能苟后相之欲，居二年，於六年戊子，又往青州，依同姓所分諸侯斟灌氏、斟鄩氏二國。后相不能自斂、稍稍結連東方諸侯；諸侯與二斟氏之國相親者，每共存濟之實，不能替后相有為也。當時羿性無疑，還可無事；今賊浞復篡，多疑殺人，逄蒙既誅，羅伯又歿，根株盡絕。聞后相稍自如，便起僭志。

歲當壬寅，后相即位後之二十年，浞篡后十三年矣。浞所奸羿妻而生子名奡者，年十二矣。奡有神勇，實羿之遺腹子也，十五月而生，故浞以為己子。十歲力舉二千鈞，身長一丈五尺。十二歲，能陸地上獨乘舟用大木撐。蕩之戰，爭無敵，殺人如戲。過國有亂，奡盡殺之，遂封於過。又子澆，是為過澆。浞再生豷，是浞真子，便無力，仍有僭詐。是年九歲，當日浞在深宮中躊躕后相之事，豷從旁便說：「何不殺之？」

浞遂令過澆統一軍突至二斟之國，先問斟灌氏何為停留后相。斟灌不服，遂殺之，以伐斟鄩氏。斟鄩氏集眾拒之於濰水，賊澆持三丈長、六百斤重渾鐵棒，擊沉斟鄩氏之舟，又殺其君，大敗其眾。遂窮二國滅之。尋得后相於土室，遂遇弒。相之后曰緡，有仍國君之女也，方有娠。乃自土牆下得破穴，從破穴得出於室之後塹下，還室塞其穴，賊尋不見，后緡步逃歸有仍氏。……

后緡發既至有仍，不期年而生子，母緡泣曰：「勿如伊父，願為伊祖。」遂名之曰少康。少康方數歲，苦問母曰：「我父安在？」母泣而不言，懼泄也。有仍氏亦晦少康母子於荒村，戒勿言實，恐事泄自取禍也。……

少康負居小邑，日夜以復仇興祖之志自勵。乃遍步冀、豫之間，訪賢士才人。……又訪得漳、淇間有處士，夫妻力作而隱。夫曰戴寧，妻曰女艾，仲康之舊臣也。女艾貌陋性貞，力能舉百鈞，口能辯智，能得人意中事。戴寧因家國亡滅，與妻蓄智，晦道隱淪河陰，心憤志切，未嘗不在夏后。……

是時戴寧、女艾已在過二年。初至過時，為販鬻於市，漸漸散幣，結澆之妾父母音華公、音華媼與澆之左右。遂得薦用於澆。寧為司城之富，艾入宮為乳繡媼。二人內外，每事盡忠竭智，澆深信之。凡有大事，即與計議。寧見澆之四周國邑，多助澆行惡者，欲先翦之以孤澆。遂因間說澆曰：「君以此諸君果真心助君乎？今日不過畏君之威而附君，其奸其力，俱異日為君子孫害也。盡殺之而收其民，則君之國愈強，而患永息矣！但盡殺之，則太驟，恐民不服，當漸漸除之。」

澆本性好殺，聞寧之言，殺心頓起，遂殺數君。於是，諸國皆危懼，欲叛。澆常殺左右，女艾常救之，因密結其左右人而盡得其歡心。尤得澆寵妾及諸妾婢之心，並得澆意旨，而承之寵妾左右。又無不維持女艾與寧者，如此者三年。……

女艾先分密人往有鬲之國，知會姒氏。自於宮中定計殺澆。……有東來數千流民來歸過國。寧黠視之，乃姒靡所統青州兵也。寧遂閉城，部分盡搜平日助澆惡者，與澆至親而心未順者，俱殺之。老幼幽之處，堅守城門，嚴夜警禁出入，以待澆歸。其女艾在內說音華氏曰：「過君於路聞小人之言，謂宮中有過失，歸即盡殺之。故寧預先竊歸而通報宮中，各自速為計可也。且過君之愛不常，一息不合，便成肉泥矣。何不毒殺之而立其子，則安樂富貴可長有也！」

諸妾是時乘澆一別，則皆通於左右親戚。出入之人惟懼澆歸，聞而殺之，聽得此言，大眾驚怕。乃推女艾為謀主，定計策。棄妻畝氏聞欲立其子，亦喜。諸棄妻寵婢宮中內外左右之人，無不喜者。女艾具多利刃，入宮授諸同志。凡稍異言者，即殺之。與諸棄妻寵妾一齊設美餚、藏毒藥、帶利刃以待澆歸。

且說澆直入浞臥內，朝浞。方入寢門，浞見澆昂曹之狀，便怒，大呼左右安在？兩帳甲士百人，門外前後甲士四百人，宮門內外又千人，一聲喊，舉齊銳斧、大刀、長矛、短劍，都來殺澆。那帳內百人皆猛士兇人，浞素親用以誅群豪取國家者，攢兵刺澆身上。澆初不覺身上中了戈、矛十數處，只當無有，乃大呼舉臂。左手奪來雙矛一戟，右手奪來雙戟一斧，反鋸甲士；甲士被傷，無不倒仆者。澆遂登牀舉浞，恨曰：「爾能殺君，吾不能殺爾乎？」遂摔之於地，但見一堆骨血，無肉矣！

既弒父，遂入尋母。羿妻以為可復為母子也，泣而迎之。澆乃大詈曰：「失節之婦，夫殺於賊，反而從賊，留爾何為？」乃亦舉母，輕摔於地，骨盡折而死。遂舉浞宮中捍門大長鐵棍，出宮擊甲士。不先走脫者，盡殺之。……望見澆獨步奔來，寧喜曰：「大事成矣！」遂遣女艾一面入宮設酒宴待澆，自與靡引過國之眾匿伏秘處；一面遣腹心人出迎澆，曰：「鹿椒已反去，城中臣民皆逃，惟存宮中耳。」澆大驚，入城不見一人，乃入宮。宮中妾婢群泣而迎，曰：「鹿椒反，不得女艾捍守宮門，則妾皆被擄矣！」乃群釃酒為澆洗塵勞苦。

澆勞苦已極，不暇酬酢，接得觥，連飲數十觥，便大啖食物。食未飽而毒已發，捫腹而起，大叫曰：「腹痛！腹痛！」女艾已盡收檢宮中兇器而盡匿宮中人，獨操刀伏於廚，廚門設坑。澆腹痛身熱，不能自禁。大呼，宮中無一人。自至廚取水，墜坑中，女艾刃刺其喉而誅之。乃呼戴寧、姒靡入宮，鈎出澆屍，陳之於市，乃開城縱過民觀之。靡等取其頭，懸之以玄旗，默示夏令也。……少康年四十歲矣。先以十二月告王相之廟，獻四凶之首骨。乃以明年壬午為元年元月，即夏王位。禘五廟，望諸陵，郊天祈地，祭九鼎，坐釣台而朝諸侯，遂為中興首君。

《史記・項羽本紀》節錄

……函谷關有兵守關，（楚軍）不得入；又聞沛公已破咸陽，項羽大怒，使當陽君等擊關。項羽遂入，至於戲西。沛公軍灞上，未得與項羽相見。沛公左司馬曹無傷使人言於項羽曰：「沛公欲王關中，使子嬰為相，珍寶盡有之。」項羽大怒，曰：「旦日饗士卒，為擊破沛公軍！」

……沛公旦日從百餘騎來見項王。至鴻門，謝曰：「臣與將軍戮力而攻秦，將軍戰河北，臣戰河南，然不自意能先入關破秦，得復見將軍於此。今者有小人之言，令將軍與臣有郤。」項王曰：「此沛公左司馬曹無傷言之；不然，籍何以至此？」……沛公至軍，立誅殺曹無傷。

《史記・陳丞相世家》節錄

漢王謂陳平曰：「天下紛紛，何時定乎？」陳平曰：「項王為人，恭敬愛人，士之廉節好禮者多歸之。至於行功爵邑，重之，士亦以此不附。今大王慢而少禮，士廉節者不來；然大王能饒人以爵邑，士之頑鈍嗜利無恥者亦多歸漢。誠各去其兩短，襲其兩長，天下指麾則定矣。然大王恣侮人，不能得廉節之士。顧楚有可亂者，彼項王骨鯁之臣亞父、鍾離眛、龍且、周殷之屬，不過數人耳。大王誠能出捐數萬斤金，行反間，間其君臣，以疑其心，項王為人意忌信讒，必內相誅。漢因舉兵而攻之，破楚必矣。」漢王以為然，乃出黃金四萬斤與陳平，恣所為，不問其出入。

陳平既多以金縱反間於楚軍，宣言諸將鍾離昧等為項王將，功多矣，然而終不得裂地而王，欲與漢為一，以滅項氏而分王其地。項羽果意不信鍾離昧等。項王既疑之，使使至漢。漢王為太牢具，舉進。見楚使，即詳驚曰：「吾以為亞父使，乃項王使！」復持去，更以惡草具進楚使。楚使歸，具以報項王。項王果大疑亞父。亞父欲急攻下滎陽城，項王不信，不肯聽。亞父聞項王疑之，乃怒曰：「天下事大定矣，君王自為之！願請骸骨歸！」歸未至彭城，疽發背而死。

《隋書．列傳第十七》節錄

高祖受禪，陰有並江南之志，訪可任者。高熲曰：「朝臣之內，文武才幹，無若賀若弼者。」高祖曰：「公得之矣。」於是拜弼為吳州總管，委以平陳之事，弼忻然以為己任，與壽州總管源雄並為重鎮。弼遺雄詩曰：「交河驃騎幕，合浦伏波營，勿使騏驎上，無我二人名。」

……獻取陳十策，上稱善，賜以寶刀。開皇九年，大舉伐陳，以弼為行軍總管。將渡江，酹酒而咒曰：「弼親承廟略，遠振國威，伐罪吊民，除兇翦暴，上天長江，鑑其若此。如便福善禍淫，大軍利涉；如事有乖違，得葬江魚腹中，死且不恨。」先是，弼請緣江防人每交代之際，必集歷陽。於是大列旗幟，營幕被野。陳人以為大兵至，悉發國中士馬。既知防人交代，其眾復散。後以為常，不復設備。及此，弼以大軍濟江，陳人弗之覺也。

《史記・魏公子列傳第十七》節錄

公子（信陵君）與魏王（魏安釐王）博，而北境傳舉烽，言「趙寇至，且入界。」魏王釋博，欲召大臣謀。公子止王曰：「趙王田獵耳，非為寇也。」復博如故。王恐，心不在博。居頃，復從北方來傳言曰：「趙王獵耳，非為寇也。」魏王大驚，曰：「公子何以知之？」公子曰：「臣之客有能深得趙王陰事者，趙王所為，客輒以報臣，臣以此知之。」

《史記・白起王翦列傳》節錄

四十八年十月，秦復定上黨郡。秦分軍為二：王齕攻皮牢，拔之；司馬梗定太原。韓、趙恐，使蘇代厚幣說秦相應侯（范雎）曰：「武安君（白起）禽馬服子乎？」曰：「然。」又曰：「即圍邯鄲乎？」曰：「然。」「趙亡則秦王王矣，武安君為三公。武安君所為秦戰勝攻取者七十餘城，南定鄢、郢、漢中，北禽趙括之軍，雖周、召、呂望之功不益於此矣。今趙亡，秦王王，則武安君必為三公，君能為之下乎？雖無欲為之下，固不得已矣。秦嘗攻韓，圍邢丘，困上黨，上黨之民皆反為趙，天下不樂為秦民之日久矣。今亡趙，北地入燕，東地入齊，南地入韓、魏，則君之所得民亡幾何人？故不如因而割之，無以為武安君功也。」於是應侯言於秦王曰：「秦兵勞，請許韓、趙之割地以和，且休士卒。」王聽之，割韓垣雍、趙六城以和。正月，皆罷兵。武安君聞之，由是與應侯有隙。

其九月，秦復發兵，使五大夫王陵攻趙邯鄲。是時武安君病，不任行。四十九年正月，陵攻邯鄲，少利，秦益發兵佐陵。陵兵亡五校。武安君病愈，秦王欲使武安君代陵將。武安君言曰：「邯鄲實未易攻也。且諸侯救日至，彼諸侯怨秦之日久矣。今秦雖破長平軍，而秦卒死者過半，國內空。遠絕河山而爭人國都，趙應其內，諸侯攻其外，破秦軍必矣。不可。」秦王自命，不行；乃使應侯請之，武安君終辭不肯行，遂稱病。

秦王使王齕代陵將，八九月圍邯鄲，不能拔。楚使春申君及魏公子將兵數十萬攻秦軍，秦軍多失亡。武安君言曰：「秦不聽臣計，今如何矣！」秦王聞之，怒，彊起武安君，武安君遂稱病篤。應侯請之，不起。於是免武安君為士伍，遷之陰密。武安君病，未能行。居三月，諸侯攻秦軍急，秦軍數卻，使者日至。秦王乃使人遣白起，不得留咸陽中。武安君既行，出咸陽西門十里，至杜郵。秦昭王與應侯群臣議曰：「白起之遷，其意尚怏怏不服，有餘言。」秦王乃使使者賜之劍，自裁。武安君引劍將自剄，曰：「我何罪於天而至此哉？」良久，曰：「我固當死。長平之戰，趙卒降者數十萬人，我詐而盡阬之，是足以死。」遂自殺。

《史記・田單列傳》節錄

田單者，齊諸田疏屬也。湣王時，單為臨淄市掾，不見知。及燕使樂毅伐破齊，齊湣王出奔，已而保莒城。燕師長驅平齊，而田單走安平，令其宗人盡斷其車軸末而傅鐵籠。已而燕軍攻安平，城壞，齊人走，爭塗，以轊折車敗，為燕所虜，唯田單宗人以鐵籠故得脫，東保即墨。燕既盡降齊城，唯獨莒、即墨不下。燕軍聞齊王在莒，並兵攻之。淖齒既殺湣王於莒，因堅守距燕軍，數年不下。燕引兵東圍即墨，即墨大夫出與戰，敗死。城中相與推田單，曰：「安平之戰，田單宗人以鐵籠得全，習兵。」立以為將軍，以即墨距燕。

頃之，燕昭王卒，惠王立，與樂毅有隙。田單聞之，乃縱反間於燕，宣言曰：「齊王已死，城之不拔者二耳。樂毅畏誅而不敢歸，以伐齊為名，實欲連兵南面而王齊。齊人未附，故且緩攻即墨以待其事。齊人所懼，唯恐他將之來，即墨殘矣。」燕王以為然，使騎劫代樂毅。……

田單乃收城中得千餘牛，為絳繒衣，畫以五彩龍文，束兵刃於其角，而灌脂束葦於尾，燒其端。鑿城數十穴，夜縱牛，壯士五千人隨其後。牛尾熱，怒而奔燕軍，燕軍夜大驚。牛尾炬火光明炫耀，燕軍視之皆龍文，所觸盡死傷。五千人因銜枚擊之，而城中鼓譟從之，老弱皆擊銅器為聲，聲動天地。燕軍大駭，敗走。齊人遂夷殺其將騎劫。燕軍擾亂奔走，齊人追亡逐北，所過城邑皆畔燕而歸田單，兵日益多，乘勝，燕日敗亡，卒至河上，而齊七十餘城皆復為齊。乃迎襄王於莒，入臨淄而聽政。

《宋史．列傳第三十五》節錄

樊知古……嘗舉進士不第，遂謀北歸，乃漁釣采石磯上數月，乘小舟載絲繩，維南岸，疾棹抵北岸，以度江之廣狹。開寶三年，詣闕上書，言江南可取狀，以求進用。太祖令送學士院試，賜本科及第，解褐舒州軍事推官。……七年，召拜太子右贊善大夫。會王師征江表，知古為鄉導，下池州。八年，以知古領州事。先是，州民保險為寇，知古擊之，連拔三砦，擒其魁以獻，餘皆潰散。方議南征，命高品石全振往湖南造黃黑龍船，以大艦載巨竹絙，自荊南而下，遣八作使郝守浚等率丁匠營之。議者以謂江濤險壯，恐不能就，乃於石碑口試造之，移至采石，三日橋成，不差尺寸，從知古之請也。

《西夏紀》節錄

……初，宋帝放宮人二百七十名，悉任所之。元昊陰以重幣購得數人，納諸左右。於是，朝廷之事，宮禁之私，纖悉具知。……宋仁宗寶元元年，西夏稱天授禮法延祚元年春正月，表請供佛五台山。元昊使人往來中國，熟悉邊臣因循之勢，久思攻取河東。是時，欲識進兵道路，表請供佛五台，乞使臣引護並給館券。宋帝從之。

《呂氏春秋・慎大覽第三・貴因》節錄

武王使人候殷，反報岐周曰：「殷其亂矣！」武王曰：「其亂焉至？」對曰：「讒慝勝良。」武王曰：「尚未也。」又復往，反報曰：「其亂加矣！」武王曰：「焉至？」對曰：「賢者出走矣。」武王曰：「尚未也。」又往，反報曰：「其亂甚矣！」武王曰：「焉至？」對曰：「百姓不敢誹怨矣。」武王曰：「嘻！」遽告太公。太公對曰：「讒慝勝良，命曰『戮』；賢者出走，命曰『崩』；百姓不敢誹怨，命曰『刑勝』。其亂至矣，不可以駕矣。」故選車三百，虎賁三千，要期甲子之朝，而紂為禽。

《管子·輕重戊》節錄

桓公曰：「魯粱之於齊也，千穀也，蜂螫也，齒之有唇也。今吾欲下魯粱，何行而可？」管子對曰：「魯粱之民俗為綈。公服綈，令左右服之，民從而服之。公因令齊勿敢為，必仰於魯粱，則是魯粱釋其農事而作綈矣。」桓公曰：「諾。」即為服於泰山之陽，十日而服之。管子告魯粱之賈人曰：「子為我致綈千匹，賜子金三百斤；什至而金三千斤。」則是魯粱不賦於民，財用足也。魯粱之君聞之，則教其民為綈。

十三月，而管子令人之魯粱，魯粱郭中之民道路揚塵，十步不相見，絏繑而踵相隨，車轂齺，騎連伍而行。管子曰：「魯粱可下矣。」公曰，「奈何？」管子對曰：「公宜服帛，率民去綈。閉關，毋與魯粱通使。」公曰：「諾。」後十月，管子令人之魯粱，魯粱之民餓餒相及，應聲之徵無以給上。魯粱之君即令其民去綈修農。穀不可以三月而得，魯粱之人糴十百，齊糶十錢。二十四月，魯粱之民歸齊者十分之六；三年，魯粱之君請服。

《周書·韋孝寬傳》節錄

孝寬善於撫御，能得人心。所遣間諜入齊者，皆為盡力。亦有齊人得孝寬金貨，遙通書疏。故齊人動靜，朝廷皆先知。時有主帥許盆，孝寬托以心膂，令守城。盆乃以城東反。孝寬怒，遣諜取之，俄而斬首而還。其能致物情如此。

……孝寬參軍曲嚴頗知卜筮，謂孝寬曰：「來年東朝必大相殺戮。」孝寬因令嚴作謠歌曰：「百升飛上天，明月照長安。」百升，斛也。又言：「高山不推自崩，槲木不扶自舉。」令諜人多傳此文，遺之於鄴。祖孝徵既聞，更潤色之，明月卒以此誅。

《史記·仲尼弟子列傳》節錄

田常欲作亂於齊，憚高、國、鮑、晏，故移其兵欲以伐魯。孔子聞之，謂門弟子曰：「夫魯，墳墓所處，父母之國，國危如此，二三子何為莫出？」子路請出，孔子止之。子張、子石請行，孔子弗許。子貢請行，孔子許之。

遂行，至齊，說田常曰：「君之伐魯過矣。夫魯，難伐之國，其城薄以卑，其地狹以泄，其君愚而不仁，大臣偽而無用，其士民又惡甲兵之事，此不可與戰。君不如伐吳。夫吳，城高以厚，地廣以深，甲堅以新，士選以飽，重器精兵盡在其中，又使明大夫守之，此易伐也。」

田常忿然作色曰：「子之所難，人之所易；子之所易，人之所難：而以教常，何也？」子貢曰：「臣聞之，憂在內者攻強，憂在外者攻弱。今君憂在內。吾聞君三封而三不成者，大臣有不聽者也。今君破魯以廣齊，戰勝以驕主，破國以尊臣，而君之功不與焉，則交日疏於主。是君上驕主心，下恣群臣，求以成大事，難矣。夫上驕則恣，臣驕則爭，是君上與主有郤，下與大臣交爭也。如此，則君之立於齊危矣。故曰不如伐吳。伐吳不勝，民人外死，大臣內空，是君上無強臣之敵，下無民人之過，孤主制齊者唯君也。」田常曰：「善。雖然，吾兵業已加魯矣，去而之吳，大臣疑我，奈何？」子貢曰：「君按兵無伐，臣請往使吳王，令之救魯而伐齊，君因以兵迎之。」田常許之，使子貢南見吳王。

說曰：「臣聞之，王者不絕世，霸者無強敵，千鈞之重加銖兩而移。今以萬乘之齊而私千乘之魯，與吳爭強，竊為王危之。且夫救魯，顯名也；伐齊，大利也。以撫泗上諸侯，誅暴齊以服強晉，利莫大焉。名存亡魯，實困強齊。智者不疑也。」吳王曰：「善。雖然，吾嘗與越戰，棲之會稽。越王苦身養士，有報我心。子待我伐越而聽子。」子貢曰：「越之勁不過魯，吳之強不過齊，王置齊而伐越，則齊已平魯矣。且王方以存亡繼絕為名，夫伐小越而畏強齊，非勇也。夫勇者不避難，仁者不窮約，智者不失時，王者不絕世，以立其義。今存越示諸侯以仁，救魯伐齊，威加晉國，諸侯必相率而朝吳，霸業成矣。且王必惡越，臣請東見越王，令出兵以從，此實空越，名從諸侯以伐也。」吳王大說，乃使子貢之越。

越王除道郊迎，身御至舍而問曰：「此蠻夷之國，大夫何以儼然辱而臨之？」子貢曰：「今者吾說吳王以救魯伐齊，其志欲之而畏越，曰：『待我伐越乃可。』如此，破越必矣。且夫無報人之志而令人疑之，拙也；有報人之志，使人知之，殆也；事未發而先聞，危也。三者舉事之大患。」句踐頓首再拜曰：「孤嘗不料力，乃與吳戰，困於會稽，痛入於骨髓，日夜焦脣乾舌，徒欲與吳王接踵而死，孤之願也。」遂問子貢。子貢曰：「吳王為人猛暴，群臣不堪；國家敝以數戰，士卒弗忍；百姓怨上，大臣內變；子胥以諫死，太宰嚭用事，順君之過以安其私：是殘國之治也。今王誠發士卒佐之徼其志，重寶以說其心，卑辭以尊其禮，其伐齊必也。彼戰不勝，王之福矣。戰勝，必以兵臨晉，臣請北見晉君，令共攻之，弱吳必矣。其銳兵盡於齊，重甲困於晉，而王制其敝，此滅吳必矣。」越王大說，許諾。送子貢金百鎰、劍一、良矛二。子貢不受，遂行。

報吳王曰：「臣敬以大王之言告越王，越王大恐，曰：『孤不幸，少失先人，內不自量，抵罪於吳，軍敗身辱，棲於會稽，國為虛莽，賴大王之賜，使得奉俎豆而修祭祀，死不敢忘，何謀之敢慮！』」後五日，越使大夫種頓首言於吳王曰：「東海役臣孤句踐使者臣種，敢修下吏問於左右。今竊聞大王將興大義，誅強救弱，困暴齊而撫周室，請悉起境內士卒三千人，孤請自被堅執銳，以先受矢石。因越賤臣種奉先人藏器，甲二十領，鈇屈盧之矛，步光之劍，以賀軍吏。」吳王大說，以告子貢曰：「越王欲身從寡人伐齊，可乎？」子貢曰：「不可。夫空人之國，悉人之眾，又從其君，不義。君受其幣，許其師，而辭其君。」吳王許諾，乃謝越王。於是吳王乃遂發九郡兵伐齊。

子貢因去之晉，謂晉君曰：「臣聞之，慮不先定不可以應卒，兵不先辨不可以勝敵。今夫齊與吳將戰，彼戰而不勝，越亂之必矣；與齊戰而勝，必以其兵臨晉。」晉君大恐，曰：「為之奈何？」子貢曰：「修兵休卒以待之。」晉君許諾。

子貢去而之魯。吳王果與齊人戰於艾陵，大破齊師，獲七將軍之兵而不歸，果以兵臨晉，與晉人相遇黃池之上。吳晉爭強。晉人擊之，大敗吳師。越王聞之，涉江襲吳，去城七里而軍。吳王聞之，去晉而歸，與越戰於五湖。三戰不勝，城門不守，越遂圍王宮，殺夫差而戮其相。破吳三年，東向而霸。

故子貢一出，存魯，亂齊，破吳，強晉而霸越。子貢一使，使勢相破，十年之中，五國各有變。

《吳越春秋・闔閭內傳第四》節錄

二年，吳王前既殺王僚，又憂慶忌之在鄰國，恐合諸侯來伐，問子胥曰：「昔專諸之事，於寡人厚矣。今聞公子慶忌有計於諸侯，吾食不甘味，臥不安席，以付於子。」子胥曰：「臣不忠無行，而與大王圖王僚於私室之中，今復欲討其子，恐非皇天之意。」闔閭曰：「昔武王討紂而後殺武庚，周人無怨色。今若斯議，何乃天乎？」子胥曰：「臣事君王，將遂吳統，又何懼焉？臣之所厚，其人者，細人也，願從於謀。」

吳王曰：「吾之憂也，其敵有萬人之力，豈細人之所能謀乎？」子胥曰：「其細人之謀事，而有萬人之力也。」王曰：「其為何誰？子以言之。」子胥曰：「姓要名離。臣昔嘗見曾折辱壯士椒丘訢也。」

……要離曰：「王有意焉，臣能殺之。」王曰：「慶忌明智之人，歸窮於諸侯，不下諸侯之士。」要離曰：「臣聞安其妻子之樂，不盡事君之義，非忠也；懷家室之愛，而不除君之患者，非義也。臣詐以負罪出奔，願王戮臣妻子，斷臣右手，慶忌必信臣矣。」王曰：「諾。」要離乃詐得罪出奔，吳王乃取其妻子，焚棄於市。

要離乃奔諸侯而行怨言，以無罪聞於天下。遂如衛，求見慶忌。見曰：「闔閭無道，王子所知。今戮吾妻子，焚之於市，無罪見誅！吳國之事，吾知其情，願因王子之勇，闔閭可得也。何不與我東之於吳？」慶忌信其謀。

後三月，揀練士卒，遂之吳。將渡江於中流，要離力微，坐與上風，因風勢以矛鉤其冠，順風而刺慶忌。慶忌顧而揮之，三捽其頭於水中，乃加於膝上：「嘻嘻哉！天下之勇士也！乃敢加兵刃於我。」左右欲殺之，慶忌止之曰：「此是天下勇士，豈可一日而殺天下勇士二人哉？」乃誡左右曰：「可令還吳，以旌其忠！」於是慶忌死。

《孫子兵法・用間篇》節錄

《孫子》云：用間有五：有鄉間、有內間、有反間、有死間、有生間。五間俱起，莫知其道，是為神紀。一曰鄉間，因其鄉人為間也。因敵鄉人知敵表裡虛實之情，故就而用之，可使伺候也。二曰內間，因其黨羽為間也。及寇之黨羽偽官而用為間，為內間；即其城中受害之民而用為間，亦內間也。三曰反間，及用敵間而反間之也。敵使間來視我，我知之，因厚賂重許，反使為我間也。四曰死間，以罪人為間，死其間以行吾之間也。作誑之事於外，佯漏洩之，使吾間知之，吾間至敵中，為敵所得，必以誑事輸諭敵，敵進而備之，吾所行不然，間則死矣。五曰生間，以智者為間，間既行，而生還報我也。

《資治通鑑．唐紀》節錄

上遣職方郎中陳大德使高麗；八月，己亥，自高麗還。大德初入其境，欲知山川風俗，所至城邑，以綾綺遺其守者，曰：「吾雅好山水，此有勝處，吾欲觀之。」守者喜，導之遊歷，無所不至，往往見中國人，自云：「家在某郡，隋末從軍，沒於高麗，高麗妻以遊女，與高麗錯居，殆將半矣。」因問親戚存沒，大德紿之曰：「皆無恙。」咸涕泣相告。

數日後，隋人望之而哭者，遍於郊野。大德言於上曰：「其國聞高昌亡，大懼，館候之勤，加於常數。」上曰：「高麗本四郡地耳，吾發卒數萬攻遼東，彼必傾國救之。別遣舟師出東萊，自海道趨平壤，水陸合勢，取之不難。但山東州縣凋瘵未復，吾不欲勞之耳。」

……凡征高麗，拔玄菟、橫山、蓋牟、磨米、遼東、白岩、卑沙、麥谷、銀山、後黃十城，徙遼、蓋、岩三州戶口入中國者七萬人。新城、建安、駐驆三大戰，斬首四萬餘級……。

《陸氏南唐書．列傳第十八》節錄

開寶初，有北僧號小長老，自言募化而至。多持珍寶怪物，賂貴要為奧助。朝夕入論天宮地獄果報之說，後主大悅，謂之一佛出世。服飾皆鏤金絳羅，後主疑其非法，答曰：「陛下不讀《華嚴經》，安知佛富貴？」因說後主多造塔像，以耗其帑庾。又請於牛頭山造寺千餘間，聚徒千人，日給盛饌。有食不能盡者，明旦再具，謂之「折倒」。蓋故進不祥語，以搖人心。及王師渡江，即其寺為營。

又有北僧立石塔於采石磯，草衣藿食，後主及國人施遺之，皆拒不取。及王師下池州，繫浮橋於石塔，然後知其為間也。金陵受圍，後主召小長老求助，對曰：「北兵雖強，豈能當我佛力！」登城一麾，圍城之師為小卻。後主真以為佛力，合掌嘆異，厚賜之。下令軍民，皆誦救苦菩薩，聲如江濤。未幾，梯衝環城，矢石亂下如雨。倉皇復召小長老，稱疾不至，始悟其奸，殺之。群僧懼並坐誅，乃共乞授甲出鬥，死國難。

《宋史・韓世忠傳》節錄

四年，以建康、鎮江、淮東宣撫使駐鎮江。是歲，金人與劉豫合兵，分道入侵。帝手劄命世忠飭守備，圖進取，辭旨懇切。世忠受詔，感泣曰：「主憂如此，臣子何以生為？」遂自鎮江濟師，俾統制解元守高郵，候金步卒；親提騎兵駐大儀，當敵騎，伐木為柵，自斷歸路。

會遣魏良臣使金，世忠撤炊爨，紿良臣有詔移屯守江，良臣疾馳去。世忠度良臣已出境，即上馬令軍中曰：「眂吾鞭所向。」於是引軍次大儀，勒五陣，設伏二十餘所，約聞鼓即起擊。

良臣至金軍中，金人問王師動息，具以所見對。聶兒孛堇聞世忠退，喜甚，引兵至江口，距大儀五里；別將撻孛也擁鐵騎過五陣東。世忠傳小麾鳴鼓，伏兵四起，旗色與金人旗雜出，金軍亂，我軍迭進。背嵬軍各持長斧，上揕人胸，下斫馬足。敵被甲陷泥淖，世忠麾勁騎四面蹂躪，人馬俱斃，遂擒撻孛也等二百餘人。

《吳越春秋．勾踐陰謀外傳》節錄

十二年，越王謂大夫種曰：「孤聞吳王淫而好色，惑亂沉湎，不領政事，因此而謀，可乎？」種曰：「可破。夫吳王淫而好色，宰嚭佞以曳心，往獻美女，其必受之。惟王選擇美女二人而進之。」越王曰：「善。」

乃使相者國中得苧蘿山鬻薪之女，曰西施、鄭旦。飾以羅縠，教以容步，習於土城，臨於都巷。三年學服而獻於吳。乃使相國范蠡進曰：「越王勾踐竊有二遺女，越國洿下困迫，不敢稽留，謹使臣蠡獻之。大王不以鄙陋寢容，願納以供箕帚之用。」吳王大悅，曰：「越貢二女，乃勾踐之盡忠於吳之證也。」

子胥諫曰：「不可，王勿受也。臣聞五色令人目盲，五音令人耳聾。昔桀易湯而滅，紂易文王而亡。大王受之，後必有殃。臣聞越王朝書不倦，晦誦竟夜，且聚敢死之士數萬，是人不死，必得其願；越王服誠行仁，聽諫進賢，是人不死，必成其名；越王夏被毛裘，冬御絺綌，是人不死，必為對隙。臣聞賢士國之寶，美女國之咎：夏亡以妹喜，殷亡以妲己，周亡以褒姒。」吳王不聽，遂受其女。

《吳越春秋・勾踐伐吳外傳第十》節錄

……范蠡遂鳴鼓而進兵曰：「王已屬政於執事，使者急去，不時得罪。」吳使涕泣而去。勾踐憐之，使令入謂吳王曰：「吾置君於甬東，給君夫婦三百餘家，以沒王世，可乎？」吳王辭曰：「天降禍於吳國，不在前後，正孤之身，失滅宗廟社稷者。吳之土地、民臣，越既有之，孤老矣，不能臣王。」遂伏劍自殺。

《新唐書・李愬傳》節錄

……愬沉勇長算，推誠待士，故能用其卑弱之勢，出賊不意。居半歲，知人可用，完緝器械，乃謀襲蔡。嘗獲賊將丁士良，召入與語，辭氣不撓，愬異之，因釋其縛。士良感之，乃曰：「賊將吳秀琳總眾數千，不可遽破者。士良能降秀琳。」愬從之，十二月，吳秀琳以兵三千降。愬乃以秀琳之眾攻吳房縣，收其外城，勝捷而歸。或勸愬遂拔吳房，愬曰：「取之則合勢而固其穴，不如留之以分其力。」

初吳秀琳之降，愬單騎至柵下與之語，親釋其縛，署為衙將。秀琳感恩，期於效報，謂愬曰：「若欲破賊，須得李佑，某無能為也。」佑者，賊之騎將，有膽略，守興橋柵，常侮易官軍，去來不可備。愬召其將史用誠誡之曰：「今佑以眾獲麥於張柴，爾可以三百騎伏旁林中，又使搖旆於前，示將焚麥者。佑素易我軍，必輕而來逐，爾以輕騎搏之，必獲佑。」用誠等如其料，果擒佑而還。愬解縛而客禮之，署為散兵馬使，令佩刀巡警，出入帳中，略無猜閑。愬乘間常召，屏人而語，或至夜分。愬益知賊中虛實。

《三國志．吳書．周瑜傳》節錄

時劉備為曹公所破，欲引南渡江，與魯肅遇於當陽，遂共圖計，因進住夏口，遣諸葛亮詣權，權遂遣瑜及程普等與備並力逆曹公，遇於赤壁。

時曹公軍眾已有疾病，初一交戰，公軍敗退，引次江北。瑜等在南岸。瑜部將黃蓋曰：「今寇眾我寡，難與持久。然觀操軍船艦首尾相接，可燒而走也。」乃取蒙衝鬥艦數十艘，實以薪草，膏油灌其中，裹以帷幕，上建牙旗，先書報曹公，欺以欲降。

《江表傳》載蓋書曰：「蓋受孫氏厚恩，常為將帥，見遇不薄。然顧天下事有大勢，用江東六郡山越之人，以當中國百萬之眾，眾寡不敵，海內所共見也。東方將吏，無有愚智，皆知其不可，惟周瑜、魯肅偏懷淺戇，意未解耳。今日歸命，是其實計。瑜所督領，自易摧破。交鋒之日，蓋為前部，當因事變化，效命在近。」曹公特見行人，密問之，口敕曰：「但恐汝詐耳。蓋若信實，當授爵賞，超於前後也。」又豫備走舸，各繫大船後，因引次俱前。

曹公軍吏士皆延頸觀望，指言蓋降。蓋放諸船，同時發火。時風盛猛，悉延燒岸上營落。頃之，煙炎張天，人馬燒溺死者甚眾，軍遂敗退，還保南郡。

Do科學05　PB0028

制敵機先

──中國古代諜報事件分析

編　　著／鄒濬智、蕭銘慶
責任編輯／蔡曉雯
圖文排版／楊家齊
封面設計／王嵩賀

出版策劃／獨立作家
發 行 人／宋政坤
法律顧問／毛國樑　律師
製作發行／秀威資訊科技股份有限公司
地址：114 台北市內湖區瑞光路76巷65號1樓
電話：+886-2-2796-3638　傳真：+886-2-2796-1377
服務信箱：service@showwe.com.tw
展售門市／國家書店【松江門市】
地址：104 台北市中山區松江路209號1樓
電話：+886-2-2518-0207　傳真：+886-2-2518-0778
網路訂購／秀威網路書店：https://store.showwe.tw
國家網路書店：https://www.govbooks.com.tw

出版日期／2015年1月　BOD一版　**定價**／280元

獨立作家
Independent Author
寫自己的故事，唱自己的歌

制敵機先 : 中國古代諜報事件分析 / 鄒濬智, 蕭銘慶編著.
-- 臺北市 : 獨立作家, 2015.01
面 ;　公分. -- (Do科學系列 ; PB0028)
BOD版
ISBN 978-986-5729-55-4 (平裝)

1. 情報 2. 個案研究 3. 中國

599.71　　103024610

國家圖書館出版品預行編目

讀者回函卡

感謝您購買本書，為提升服務品質，請填妥以下資料，將讀者回函卡直接寄回或傳真本公司，收到您的寶貴意見後，我們會收藏記錄及檢討，謝謝！如您需要了解本公司最新出版書目、購書優惠或企劃活動，歡迎您上網查詢或下載相關資料：http:// www.showwe.com.tw

您購買的書名：＿＿＿＿＿＿＿＿＿＿＿＿＿＿＿＿＿＿＿＿＿＿＿＿

出生日期：＿＿＿＿＿年＿＿＿＿＿月＿＿＿＿＿日

學歷：□高中（含）以下　□大專　□研究所（含）以上

職業：□製造業　□金融業　□資訊業　□軍警　□傳播業　□自由業

□服務業　□公務員　□教職　□學生　□家管　□其它＿＿＿

購書地點：□網路書店　□實體書店　□書展　□郵購　□贈閱　□其他

您從何得知本書的消息？

□網路書店　□實體書店　□網路搜尋　□電子報　□書訊　□雜誌

□傳播媒體　□親友推薦　□網站推薦　□部落格　□其他＿＿＿＿＿＿

您對本書的評價：（請填代號　1.非常滿意　2.滿意　3.尚可　4.再改進）

封面設計＿＿　版面編排＿＿　內容＿＿　文／譯筆＿＿　價格＿＿

讀完書後您覺得：

□很有收穫　□有收穫　□收穫不多　□沒收穫

對我們的建議：＿＿＿＿＿＿＿＿＿＿＿＿＿＿＿＿＿＿＿＿＿＿＿＿

＿＿＿＿＿＿＿＿＿＿＿＿＿＿＿＿＿＿＿＿＿＿＿＿＿＿＿＿＿＿＿

＿＿＿＿＿＿＿＿＿＿＿＿＿＿＿＿＿＿＿＿＿＿＿＿＿＿＿＿＿＿＿

＿＿＿＿＿＿＿＿＿＿＿＿＿＿＿＿＿＿＿＿＿＿＿＿＿＿＿＿＿＿＿

請貼
郵票

11466
台北市內湖區瑞光路 76 巷 65 號 1 樓
獨立作家讀者服務部 收

....

（請沿線對折寄回，謝謝！）

姓　　名：＿＿＿＿＿＿＿＿＿＿　年齡：＿＿＿＿　性別：□女　□男

郵遞區號：□□□□□

地　　址：＿＿＿＿＿＿＿＿＿＿＿＿＿＿＿＿＿＿＿＿＿＿＿＿

聯絡電話：(日)＿＿＿＿＿＿＿＿＿＿＿＿(夜)＿＿＿＿＿＿＿＿＿＿＿＿

E-mail：＿＿＿＿＿＿＿＿＿＿＿＿＿＿＿＿＿＿＿＿＿＿＿＿